歴史文化ライブラリー

565

古代ゲノムから見た サピエンス史

太田博樹

吉川弘文館

目　次

古代ゲノム学の夜明け——プロローグ

人類史を塗り替える数々の発見

ライプチヒは、ドイツの南北でいうと中央部、ドレスデンの北西、ベルリンの南西に位置し、人口は五十万人を越える、旧東ドイツ地域では、第二の大都市である。とはいえ、リング（環状通り）に囲まれた市の中心部でさえ、日本の都市から連想されるような、ごみごみとした都会らしさは一切ない。ワーグナーの生まれ故郷であるこの街の石畳は、J・S・バッハが常任指揮者兼オルガン奏者を務めていたトーマス教会や、メンデルスゾーンが首席指揮者を務めたゲヴァントハウス・コンサートホール、そしてヨーロッパ最古の歌劇場の一つであるライプチヒ歌劇場をつなぎ、十七世紀から文化都市として栄えた歴史を今に伝えている。

この街を囲むリングの外、市の南側に〝エヴァ〟はある。マックスプランク進化人類学

図1　マックスプランク進化人類学研究所

研究所（Max Planck Institute for Evolutionary Anthropology）の「進化人類学」を意味するEvolutionary Anthropologyを略して「EVA（エヴァ）」と通称されるこの研究所から、人類の進化史を塗り替える発見が、怒濤のように報告されてきた（図1）。

「エヴァ」は、旧約聖書に登場する「アダムとイヴ」の「イヴ」のドイツ語での呼び名である。つまりユダヤ・キリスト教における人間の祖「イヴ」ともかけた、洒落（しゃれ）た通称だ。

人類の進化史とは、チンパンジーとの共通祖先からヒトの祖先が別れて歩んだ道のりのことである。ヒトは一夜にしてヒトになったわけではない。脳の容量はチンパンジーと同じ程度で、しかし、立ち上がって二足歩行していた猿人と呼ばれる段階からヒト属（ホモ属）が進化し、ホモ・ハビリスとか、ホモ・エレクトスとか、ホモ・ネアンデルターレンシス（ネアンデルタール人）とか、様々な種類の人類が誕生しては消えていった。その中で唯一、生き残ったのがホモ・サピエンス（＝ヒト）である。

そんな中、「ネアンデルタール人とヒトは交雑していた」とか「未知の人類・デニソワ人の発見」とかいう話題をネットニュースなどで目にした方も多くおられるだろう。もっと最近では、「COVID–19感染者の重症化と関連するDNAを現代人はネアンデルタール人から受け継いでいる」など。これらの発見の多くが「エヴァ」でなされた。

過去に生きた人々の遺伝情報

本書のキーワードは「古代DNA」である。かつて大学院生だった私が、ある研究会でこの言葉を使ったら、高名な考古学の先生から「日本の時代区分では『古代』は特定の時代区分を示します。古いDNAに対して『古代』という言葉を使うのは紛らわしいので止めるべきです」とお叱りを受けた。

「古代DNA」は「ancient DNA」の訳語で、欧米の論文では普通にもちいられている言葉なので、日本語で「古代DNA」と呼んでいたのだけれど、もっともな指摘であったので恐縮し、私は以来しばらく「古代」ではなく「古（こ）DNA」と言うようにしていた。

しかし、どうしても「古ＤＮＡ」ではしっくりこないため、再び「古代」と言うようになり、いまでは「古代ＤＮＡ」という言葉をもっぱら使っている。

生物が死んだ後、肉や皮は腐敗し、骨だけが残り、条件によっては、いずれ骨も崩壊し土に還っていく。あるいは、剥製を作れば、その姿形は後世にまで残すことができるが、こうした骨や剥製に、生きていた頃のその生物の遺伝情報を載せたＤＮＡが残っていることがある。それが「古代ＤＮＡ」である。

何故「古ＤＮＡ」だとしっくりこないかというと、その生物の遺物に残存するＤＮＡは、ただ単に古いだけではないからだ。生物の死とともに、遺伝物質であるＤＮＡは、その生物の細胞みずからが持つ酵素により分解される。生物の死とともに、ＤＮＡは本当の意味でただの物質になる。そして、厳しい自然の環境にさらされ、化学修飾を受け、変性し、断片化していく。こうしてボロボロになったＤＮＡは、数年前に卒業した学生が、トレーニングの際に抽出し、実験室の冷凍庫の片隅に忘れ去られていたただ古いだけのＤＮＡとは性質が全く異なっている。このため、どうしても「古代ＤＮＡ」という名で呼びたい気持ちになる代物なのである。

大学院に入学し、師匠の植田信太郎（現・東京大学名誉教授）から最初に渡された研究の題材となる試料は弥生時代の人骨、数十個体であった。「これらの骨からＤＮＡを取り出して下さい」という師の指示にしたがって、夢中で弥生人骨たちと格闘して以来、この朽ち果てた物質から、過去に生きた人々の遺伝情報を絞り出し、植田のいう「彼らの生き様」を探ることが、私の仕事の中心となった。

古代ゲノム学の発展

ドイツの地図でライプチヒの場所を見つけたら、ドイツ国土の真ん中で東西にパタンと二つに折ると、ちょうどライプチヒと重なるあたりにデュッセルドルフ市はある。この街の近郊にあるネアンデル渓谷で、一八五六年、人間のそれとよく似た頭蓋冠(とうがいかん)が発見された。

ネアンデルタール人の骨は、その発見から一四〇年後、当時ミュヘン大学にいたスヴァンテ・ペーボの研究室の研究グループによって、DNA分析に供され、そのDNAはホモ・サピエンスのバリエーションから逸脱するものであった。

そして「ネアンデルタールは、サピエンスとは別種だ」と主張する論文が、一九九七年、科学誌 *Cell* に掲載された。この論文を皮切りに、スヴァンテの研究グループは、ネアンデルタールやその姉妹種、そして私たちサピエンスの歴史にかかわる驚くべき発見を次々と「エヴァ」から発表していった。

発見の連鎖はハーバード大学のデビッド・ライクやコペンハーゲン大学のエスケ・ヴィラースレウのグループへ波及し、さらに若い世代へ拡散した。「古代DNA分析」は、いつしか「古代ゲノム学」と呼ばれる学問分野に発展した。

本書では、古代DNA分析のはじまりから話を始める。そして、一九八〇年代に新しく生まれたこの分析手法が、スキャンダラスな間違いを犯しながらも流行し、ゲノム解析技術やコンピュータ・サイエンスの発展とともに急成長していく様を、物語ることができたらと思う。そうした時代の流れの中で、新たな学問の舞台が形成されていく行程を概観し、その舞台の片隅で、著者が体験したトライ・アンド・エラーと、その空気感をお伝えできたらと考えている。

「絶滅生物のDNAを追う」では、古代DNA分析の創成期について振り返る。小説『ジュラシックパーク』を書いたマイケル・クライトンが生きていたら、さぞかし面白がったであろう小説ではない科学の物語を紹介する。

「古代ゲノムが書き替えたサピエンス史」では、なぜ研究者たちがネアンデルタールのDNAを必死で追い求めたのか、その背景を解説しながら、そのゲノム解読から明らかになった想像以上に複雑な人類の進化史についてお話しする。

「日本列島にたどり着いたサピエンス」では、私たちの研究グループを含む日本の研究者達が達成した「縄文人ゲノム解読」から分かった縄文人の系統、縄文人の祖先を含むユーラシア大陸の東側（アジア）の人類集団、その形成史について、最先端の知見を紹介する。

「古代ゲノム学はどこへ向かうのか」では、古代ゲノム学を取り巻き、内包されつつ、展開する最新テクノロジーを紹介し、古代ゲノム学がどこへ向かおうとしているのか、その超ＳＦ的全体像について概説する。

本書では研究者を含む何人かの人物の名前が登場するが、全て敬称は省略する。私にとって、先輩や大先輩、先生や大先生にあたる研究者も多くこの中に含まれるが、私と他の研究者との関係性は、読者にとっては不必要な情報であると考え、読者にとっての読みやすさを優先したいとの思いから、あえて「〇〇先生」とか「〇〇さん」と呼ばないこととする。当事者の先生がたには、あらかじめその無礼をお許しいただきたい。

一方、欧米の研究者については、多くが姓名の「姓（ファミリーネーム）」で登場するが、比較的身近な人物の場合、「名（ファーストネーム）」で呼ぶこととする。これは、むしろ私とその研究者の関係性に関する情報を含むことになり、数行前に言っていることと矛盾するが、こうする理由は、そうすることが単に自然と感じるからで、他意はない。

本書の内容は、一般的に「理系」と分類されるカテゴリーに含まれるかと思われるが、「文系」を自認する読者にも、できるだけストレスなく読んでいただけるよう、丁寧な説明に心がけたい。それは、志（こころざし）の話で、実際そうできているかは、分からないけれど、そうしようと考えるのは、本書で語られる内容が、理系の読者や限られた分野の研究者だけでなく、幅広い層の読者にお伝えしたい内容だからだ。そのように私が考える意図は、読んでいただければ、くみ取ってもらえるに違いないと思いながら執筆を始める。

絶滅生物のＤＮＡを追う

ＤＮＡは残っているのか？

クアッガを知っていますか？

かつて地球上に棲息していたけれど、いまは絶滅してしまった十四種の動物について、きれいなイラストで紹介した絵本『ドードーを知っていますか』にはクアッガが紹介されている。クアッガは、絶滅した生き物としてＤＮＡが分析された世界で最初の動物だった。カラダの前半分がシマウマで、後半分がウマ、という奇妙なデザインの動物で、その鳴き声からクアッガという名前が付けられた（図2）。

クアッガは、しかし、南アフリカにヨーロッパ人が渡ってきて、猟銃の標的となってしまった。一八七〇年に野生で最後の一頭が銃殺され、一八八三年にアムステルダムの動物園で最後の一頭が死亡し、絶滅した。この絵本には、見開きページに、絶滅生物のイラス

図２　クアッガの剥製（ロジャー・ルイン著，『別冊日経サイエンス　DNAから見た生物進化』斎藤成也監訳，日経サイエンス社，1998年）

トとそんな丁寧な解説が記されている。クアッガは、ウマとシマウマの交雑によって誕生した動物なのだろうか？　それとも、全く別の種なのだろうか？

クアッガが絶滅してから約一〇〇年がたった頃、ドイツの南西部の都市・マインツの自然史博物館に保管されていたクアッガの剥製からＤＮＡの抽出が試みられた。この挑戦的実験は、カリフォルニア大学バークレー校のアラン・Ｃ・ウイルソン（図３）の研究グループによってなされた。

彼らは、新鮮な筋肉からＤＮＡを抽出するのとほぼ同じ方法で、塩漬けされた剥製の乾燥した筋肉からＤＮＡを抽出する実験をおこなった。その結果、新鮮な筋肉からＤＮＡを抽出したときに期待されるＤＮＡ

図３　アラン・C・ウイルソン（Biographical Memoirs of Fellows of the Royal Society）

量の一〇〇分の一の量が回収でき、その少量のＤＮＡをもちいてクアッガのミトコンドリア・ゲノム（mtＤＮＡ）のクローニングに成功したのだ。

大腸菌の中で増幅されたＤＮＡ

ミトコンドリアは細胞小器官の一つで、細胞にエネルギー供給する役割を担っている。そんなミトコンドリアの起源について「真核生物の細胞に細菌の仲間が寄生したのが起源」と主張する『細胞内共生説』が一九六八年、リン・マーギュリスによって提唱された。ミトコンドリアは同じ細胞の中にある細胞核とは別の独自のゲノムをもっており、ミトコンドリア・ゲノムと呼ばれている（図４）。ミトコンドリアＤＮＡ（mtＤＮＡ）という言い方の方が、世間的に馴染みがあるだろう。ともかく核ゲノムとは独立したゲノムを持っている。しかも、mtＤＮＡの「遺伝暗号（コドン）」は、真核生物のコドンより細菌のそれに似ている。こうしたＤＮＡレベルの証拠から、現在『細胞内共生説』は定説となっている。

アラン・Ｃ・ウイルソンたちは、クアッガのmtＤＮＡをクローニングした。クローニングとは、一九八〇年代当時、分子生物学の一般的な実験手法で、大腸菌の中で自己複製するベクター（運び屋）に、分析したいＤＮＡ断片を挿入する。大腸菌は増殖し、その中でベクターも増殖する。結果、ベクターに挿入された目的のＤＮＡ断片を増やすことができる。

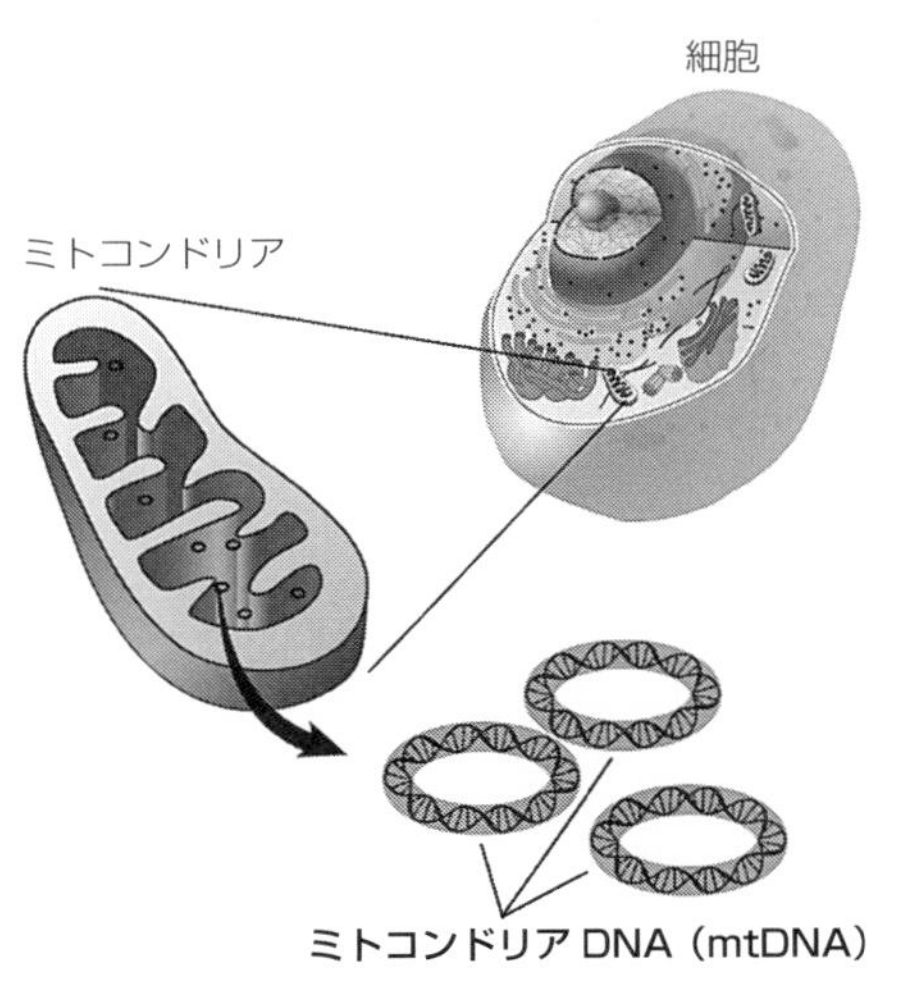

図４　ミトコンドリア DNA の模式図

クアッガの実験では、λ（ラムダ）ファージという大腸菌に感染するウイルスをベクターとし、これに剥製から抽出したＤＮＡを挿入した。たくさんできたクローンの中からmtＤＮＡの断片を含む二つを単離し、そのmtＤＮＡの文字（塩基配列）を読み、クアッガが、三〇〇～四〇〇万年前にシマウマから分岐した、シマウマともウマとも別の種であることを明らかにした。

ウイルソン達の「絶滅したウマ科の一種、クアッガからのＤＮＡ配列」というタイトルの論文（原題は"DNA sequences from the quagga, an extinct member of the horse family." Russell Higuchi を筆頭著者として、Allan C. Wilson が最終著者）が *Nature* 誌に掲載されたのは、一九八四年十一月のことだった。

その冒頭は次の一文で始まる。

「絶滅生物の遺物にＤＮＡは残存し、それは回収しうるのかを正確に見定めるために、私たちは一八八三年に絶滅したシマウマのような種、クアッガ（*Equus quagga*）の博物館標本から採取した乾燥筋肉を分析した」

つまり、当時はまだ、生物の遺物にＤＮＡが残っているかどうかさえ、確かめられたことがなかったのだ。

生物を作る設計文書

ＤＮＡとはデオキシリボ核酸という物質である。生物の細胞に存在する遺伝情報の本体である。二本の鎖状の分子が塩基と塩基の水素結合で結合していて、塩基にはアデニン（A）、シトシン（C）、グアニン（G）、チミン（T）の四種類がある。そしてAとT、CとGが、お互いに手と手を取り合うように結合し、二重らせん構造を形成している。

ＤＮＡの塩基配列とは、その塩基の並んでいる配列のことである。四つの塩基は、三つで一つのアミノ酸に対応しており、塩基配列はアミノ酸の並び順を決める暗号になっている。

タンパク質は生物を構成する最も重要な分子の一つである。タンパク質はアミノ酸が鎖状に連結し、折りたたまれ、立体構造をとった高分子化合物だ。タンパク質の性質や機能は、アミノ酸の並び順によって決まる。アミノ酸の並び順によって、さまざまな立体構造を取り、そのことによってタンパク質の多様な機能・性質が生み出される。

私たち人間のような真核生物の場合、二〇種類のアミノ酸が暗号化され、アミノ酸ひとつひとつが「単語」のような役割を果たしている。つまりその「遺伝暗号（コドン）」は二〇種類の単語を持ち、そのひとつひとつの単語は、三つの塩基で指定されているので、塩基配列はその生物を作る設計文書の役割を果たしている。

ＤＮＡが遺伝情報の本体であるとは、そういう意味だ。「本体」という言い方が分かりにくいのであれば「媒体」と言い換えても良いかもしれない。電子記憶媒体とかで使う「媒体」という言葉の方がピッタリくるかもしれない。そして遺伝情報の全体、総体を表す言葉が「ゲノム」である。

それは二二九文字から始まった

アラン・Ｃ・ウイルソンのチームは、クアッガのmtＤＮＡの塩基配列を二二九塩基対、決定した。塩基と塩基は対になっているので、塩基対という呼び方をする。専門家は「塩基対を決定（determine）する」という言い方をするが、これは「二二九文字を読んだ」という意味だ。その際、塩基対（base pair）をbpと省略する。二二九塩基対は229bpと書く。二二九文字のペアという意味だ。

たった二二九文字を読んだだけであった。しかしこの「解読」は、その後のこの分野の発展と成果を考えると、極めて意味深い第一歩であった。絶滅した生物でも、その遺体の一部が残っていれば、その生物の遺伝情報の本体であるＤＮＡを得ることができるかもしれない。それ自体が大きな発見だった。

絶滅生物の遺物は、世界中の博物館に少なからず保管されている。それらからＤＮＡを取り出せば、既に現存しないその生物が、どのような生物であったかＤＮＡレベルで明らかにすることができる。この論文はそれを示したのだ。そして何よりも、生物遺物からＤＮＡを取り出すことにより「その絶滅生物を復活させることができるかもしれない」というＳＦ的期待感が世界中の研究者達に芽生えたことは間違いなかった。「古代ＤＮＡ分析（ancient DNA analysis）」は、そんなロマンを載せて誕生したのだった。

化石なしで進化を研究する

進化を化石標本にたよることなく研究する「分子進化学」は、クアッガの論文が出版される約二〇年前から既に実践されていた。分子進化学の基礎となる重要な発見が「分子時計（molecular clock）」である。カリフォルニア工科大学のエミール・ズッカーカンドルとライナス・ポーリングが、ヘモグロビンのα鎖を構成するアミノ酸配列に着目し、一九六二年、分子時計と表現した。

さまざまな生物から採取した特定のタンパク質のアミノ酸配列を解析し、違っているアミノ酸の数を縦軸にとる。そして、そのさまざまな生物の化石年代から推定される分岐年代を横軸にとる。古く分岐した生物種どうしでは、多くのアミノ酸が違っており、比較的最近に分岐した生物種どうしでは、アミノ酸の違いが小さく、プロットすると直線上に並ぶ。つまり、アミノ酸の違いは、時間と伴にほぼ一定の割合で変化する。これは、時計の針が一定の割合で時を刻むのと同じように変異を蓄積していることを意味する。この性質が分子時計と呼ばれたのだ。

一九六〇年代初頭で、当時はまだＤＮＡを扱う技術が整っていなかったため、アミノ酸配列でこの研究はなされたが、その後、一九八〇年代になって分子生物学が発展し、ＤＮＡを容易に扱えるようになり、分子時計の概念はＤＮＡレベルでも適用された（図５）。

クアッガのmtＤＮＡの二二九文字のうち、一二文字が現存のシマウマと異なっていた。

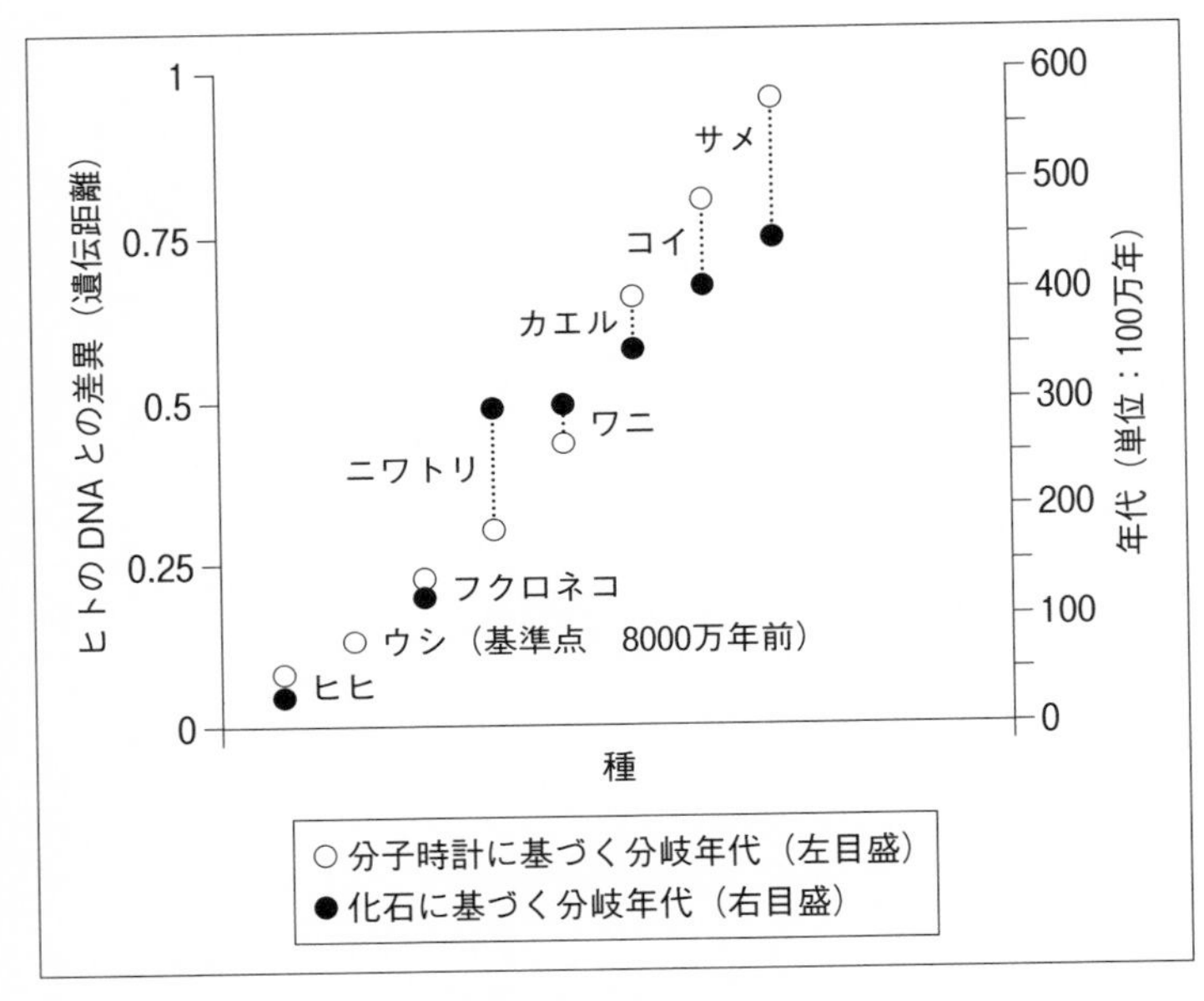

図５　分子時計概念図（Holmes & Page〔1998〕による）

mtＤＮＡの一文字が変化するのに何世代かかるか、化石年代などから換算して分かっているので、分子時計の概念を当てはめれば、この文字数の違いから、共通祖先から二つの種が分かれてからの時間を計算できる。その推定値が、おおよそ三〇〇～四〇〇万年だった。

分子進化学の誕生

アラン・Ｃ・ウィルソンは分子進化学の発展に大きく貢献した研究者の一人だ。一九六〇年代の後半には、分子時計を応用し、ヒトとチンパンジーの分岐年代を約五〇〇万年前と推定し、人類進化の研究に大きな衝撃を与えた。

ＤＮＡの塩基配列を読む技術がまだなかったので、タンパク質の免疫沈降反応に関わる補体というものの量の変化を厳密に測定し、ヒトとヒト以外の霊長類の免疫学的距離を定義した。これに分子時計の概念を適用し、チンパンジーとヒトの分岐を四〇〇～六〇〇万年前と推定した（原著論文はヴィンセント・サリッチとの共著 Sarich & Wilson (1967) Immunological Time Scale for Hominid Evolution. *Science*, 158: 1200-1203.）。

当時、形態学や古生物学では、ヒトとチンパンジーの分岐は、少なくとも一〇〇〇万年よりも古いと考えるのが一般的であったので、この結果は衝撃的だった。そして何よりも「化石なしで進化を論じる」ということ自体が、新鮮であり、斬新であった。いま生きている生物の体を構成する分子を使って進化系統を推定する手法が発明されたわけである。

それはあたかも分子レベルの研究が化石標本の研究を否定するパラダイム・チェンジであるかのような捉え方もされた。しかし、アラン・Ｃ・ウイルソンは、クアッガの研究で「標本へ立ち返る」方向性を示した。もっとも、このときの分析対象であったクアッガは、化石標本ではなく博物館に保管されていた剥製であったが、その後、古代ＤＮＡ分析は化石標本のＤＮＡ分析へと対象を広げていった。

当時、スヴァンテ・ペーボはスウェーデンのウプサラ大学の大学院生だった。医学部で臨床も少し経験したものの、基礎研究に進むか臨床医になるか迷い、とりあえずウイルスを主なテーマとしていた研究室へ進んだ。「博士号を取得してから病院に戻ればいい、おそらくそうなる」と、彼は自叙伝（『ネアンデルタール人は私たちと交配した』。原題は『Neanderthal Man - In Search of Lost Genomes』。日本での初版は二〇一五年、野中香方子訳）に記している。しかし、そうならなかった。後述するように、その後、スヴァンテ・ペーボは、古代ＤＮＡ分析を発展させ「古代ゲノム学」という学問分野を創出する立役者となる。

子供の頃からエジプト学に興味があったスヴァンテは、ウイルスを扱う分子生物学の研究室で、指導教員に隠れてこっそりエジプトのミイラからＤＮＡを取り出す実験を繰り返していた（図６）。そしてアラン・Ｃ・ウイルソン達のクアッガの論文が *Nature* 誌に掲載されてから数ヶ月後、単著で『古代エジプトのミイラからのＤＮＡの分子クローニング』という論文を *Nature* 誌に発表した。二三体のミイラを調べたところ、そのうちの一体、二四〇〇年前の子供のミイラからＤＮＡを抽出でき、クローニングした、という内容の論文であった。驚くべきことに、読むことができたＤＮＡの塩基配列（文字数）は三四〇〇文字にも及んでいた。

エジプトのミイラから取り出された自分のＤＮＡ

クアッガの剥製から抽出されたＤＮＡは、短く断片化していたが、古代エジプトのミイラのＤＮＡは、随分と長いものだった。のちに、スヴァンテ自身が、「あのときのミイラのＤＮＡはコンタミネーションだったかもしれない」と回想している。

コンタミネーション（contamination）とは、外部からの混入を意味する言葉で、ここでは、古代エジプトのミイラ由来のＤＮＡだと思ったものが、実は、現代の誰かのＤＮＡが混入したものであったことを意味する。状況からおそらくスヴァンテ・ペーボ本人のＤＮＡが混入したと思われる。

たとえば私たちの唾液や汗、フケなどにもＤＮＡは含まれる。そうとう気を付けていても、それらを「起源」とするＤＮＡは私たちの体の至る所にある。ミイラを分析する実験の途中、うっかり、そうしたＤＮＡが分析対象であるミイラに付いてしまったのかもしれない。スヴァンテ本人のＤＮＡであれば、ミイラから抽出さ

図６　スヴァンテ・ペーボ（ロジャー・ルイン，前掲書，Thomas Stephan/Black Star.）

れたＤＮＡが長く立派であったのは当然だろう。

結果的に本物のミイラのＤＮＡでは無かった、というのが現在の専門家の間では通説となっている。しかし、これは「嘘から出た真（まこと）」のような論文だった。ミイラのＤＮＡと思ったＤＮＡは自分のＤＮＡであったが、スヴァンテは、博士号を取得後、アラン・Ｃ・ウイルソンのポスドク（「博士号を持っている研究員」という意味で、科学の世界では、博士号を取得後の研修期間のような位置づけとして、多くの研究者が経験する）となってカリフォルニア大学バークレー校で古代ＤＮＡの研究を本格的にスタートした。

先駆者達の絶妙なアイディア

ＰＣＲ法という　ＤＮＡ検索ツール

新型コロナウイルス感染症の検査ツールとしてすっかり有名になったＰＣＲは、分子生物学におけるごく基本的な手法である。フルネームで言うと「ポリメラーゼ連鎖反応（Polymerase Chain Reaction）」。開発者であるキャリー・マリス（Kary Banks Mullis）は、この発明で一九九三年にノーベル化学賞を受賞した。自叙伝『マリス博士の奇想天外な人生』（福島伸一訳）にその開発に関するエピソードとこの天才の破天荒な人生が記されている（図7）。

ＰＣＲはけっしてウイルス検査のために開発された技術ではない。それはＤＮＡ界のグーグルのような発明だ。

ＰＣＲでは「検索ワード」の代わりに「プライマー」という人工的に合成した短いＤＮ

図７　キャリー・マリス著『マリス博士の奇想天外な人生』（福岡伸一訳、早川書房、2010年）

Ａを二つ入れる。プライマーは、だいたい二〇文字ほどの文字列で、その二つのプライマーに挟まれたゲノム領域が欲しい部分だ。ＤＮＡ合成酵素でもってその挟まれた領域を増幅する。増幅されたＤＮＡ断片が検索結果だ。

ＰＣＲ法でＤＮＡ断片を増幅する手順は、およそ次の通りである。

大きさでいえば、小指の先よりひとまわり小さいくらいのプラスチック試験管の中に二つのプライマーと、ＤＮＡの材料、緩衝溶液、そしてＤＮＡ合成酵素を入れる。ＤＮＡの二本鎖は、それらが浸かっている液体の温度を上げてやると乖離する。だいたい九五℃前後にまで温度をあげてやると、ほとんど全部が一本鎖になる。二本鎖が乖離したら、温度を下げる。すると、まずプライマーが指定の配列に結合する。だいたい五〇～六五℃にまで下げてやり、プライマーが十分に結合したところで、七二℃に温度を上げる。七二℃は、好熱細菌のＤＮＡ合成酵素（Taq ポリメラーゼ）の至適温度である。この温度で、ＤＮＡの伸長反応が進み、プライマーからある程度の長さのＤＮＡ鎖が合成される。

つづいて、また最初のステップ、九五℃での二本鎖乖離へ温度を上げる。そして、再び二つめのステップ、五〇～六五℃に温度を下げ、再びプライマーを結合させ、七二℃に温度を上げてＤＮＡの伸長反応を行う。これを繰り返す。ステップ１から３までｎ回繰り返すと、理論上二のｎ乗倍に増幅する。このようにして欲しいＤＮＡを増幅する技術がＰＣＲ法である。

ちなみに、新型コロナウイルス感染症の検査では、ウイルスの一部の配列をＰＣＲ増幅し、陽性・陰性を判定する。コロナウイルスはＲＮＡウイルスなので、逆転写酵素で遺伝物質をＤＮＡに変換し、リアルタイムＰＣＲという経時的にＤＮＡの増幅をモニタリングできる装置を使う。

切り刻まれたＤＮＡ

ＰＣＲ法では原理的に、ＤＮＡが一分子だけでも存在していれば、増幅が可能である。この点に目を付けたアライン・Ｃ・ウイルソンのグループは、スヴァンテ・ペーボを中心として、ＰＣＲ法の古代ＤＮＡ分析への応用を進めた。

もともとＤＮＡは長い鎖状の分子である。しかし、古い生物遺物に残っているＤＮＡは、化学修飾を受け、断片化し、分子の数も減少している。細胞内には核酸分解酵素(nuclease／ヌクレアーゼ)が存在する。核酸分解酵素は、ＤＮＡやＲＮＡの代謝、分解、合成に重要な役割を担っている。生物が生きている間、核やミトコンドリア内のＤＮＡは膜によって核酸分解酵素から守られているが、生物の死後、ＤＮＡは自分自身の核酸分解酵素により分解される。土に埋まった生物の遺体の軟部組織は、つづいて土壌中の微生物によって分解される。

骨や歯など硬部組織は、軟部組織ほど簡単に分解されないが、年月を経るうちに、土にしみこんだ雨水や地下水にさらされ劣化していく。こうして、硬部組織の細胞に残っていたＤＮＡもダメージを受けていく。

どのような場所にその生物遺物があったかによって状況は異なるが、保存状態が良くない場合、残っているＤＮＡは一分子とか数分子だけかもしれない。仮にそこまでＤＮＡが減ってしまっていたとしても、ＰＣＲ法なら理論上、増幅が可能なのだ。

研究にも流行(はやり)があるが、クアッガとエジプトのミイラのＤＮＡの論文が世に出た一九八五年ごろから、古代ＤＮＡ分析は、ある種の流行となった。マンモスやケーブ・ベア(洞窟クマ)、モア、オオナマケモノなど絶滅した生物の遺物からＤＮＡが抽出され、ＰＣＲ法でＤＮＡの増幅がおこなわれ、塩基配列が読まれた。ＰＣＲ増幅する対象となったのは、多くの研究でmtDNAであった。

なぜmtDNAを調べたのか？

mtDNAを調べる利点は、古い生物遺物でも、mtDNAなら残っている確率が高いからだ。細胞の中には細胞核があり、細胞核の中にはほとんど全てのDNAが格納されている。これをmtDNAに対して核DNAと呼ぶこともあるが、細胞核以外にも（例外的に）DNAが存在する場所がミトコンドリアや葉緑体だ、という言い方のほうが、一般的な生物学としては普通である。そして、それを言い換えればミトコンドリアや葉緑体は独自のゲノムをもっている、ということになる。

一つの細胞に細胞核は一つしかないが、ミトコンドリアは一つの細胞に数百～千個存在する。土に埋まった腐敗した生物の遺体では、運良く残る可能性があるのは骨や歯などの硬い組織だ。その骨や歯の細胞でも、自分自身の酵素や、死後の遺体に繁殖したバクテリアなどによって、DNAは分解されていく。さらに、長い年月、地下水や雨水にさらされて、組織はボロボロになっていき、ますます残存するDNA分子の数は減っていってしまう。そんな中でも、核DNAよりは、mtDNAの方が、もともとの数が多いおかげで、残りやすいのである。

このように古代DNA分析にとって多数コピーのmtDNAは好都合であるが、さらに別の特徴がある。ほとんどの哺乳類でmtＤＮＡは母親から子供にだけに受け継がれる（専門的には「母性遺伝する」という）。このため、生物の系統を理解するのにシンプルな情報を与えてくれる。逆に、核ＤＮＡは、両親から伝わり、後述するように〝混ぜ合わされ〟子孫に伝わるので、系統を理解するのには複雑な情報で分析の難易度も高い。

ディプロイドは混ぜ合わされる

私たちの細胞核に格納されているＤＮＡは、両親から半分ずつ受け継いだものだ。ＤＮＡ鎖はヒストンというタンパク質にからみ付きながらまとまって染色体という構造を形成する。ヒトの場合、体細胞の核の中には二本の性染色体と二二本の常染色体が対になって存在している。つまり二二×二＋二＝四六本。ヒトは全部で四六本の染色体を持っている。

体細胞とは、生殖細胞ではない細胞のことで、常染色体とは、性染色体ではない染色体のことである。性染色体とは、生物学的な性を決定する遺伝子を載せた染色体のことで、調べられた範囲の哺乳類ではＸ染色体とＹ染色体を性染色体として持っている。Ｙ染色体に精巣を形成する鍵となる*SRY*遺伝子が載っており、Ｙ染色体を持つと精巣が形成され、生物学的な雄（男性）となる。このように、雄（男性）は二二対の常染色体とＸＹをもち、雌（女性）は二二対の常染色体とＸＸを持つ。

母親から二二本の染色体と性染色体の一つを受け取り、父親からも二二本の染色体と性染色体の一つ（合計二三本）を受け取る。受精後の受精卵にはあわせて四六本の染色体が存在する。これを二倍体（ディプロイド）と言う。ヒトは二倍体生物である。

子供は両親からＤＮＡを半分ずつ受け取る。細胞レベルで起こることは、両親の配偶子が合体し、受精卵になって、それが成長する。配偶子とは、精子と卵子のことであるが、精子や卵子ができるとき、もともと対で存在していた常染色体は、部分的に混ぜ合わされる。これを「組み換え（recombination）」という。

例えば、父親の精子を考えた場合、父親の精子のもととなる細胞（一次精母細胞）から四つの成熟した精子が作られる。もとの細胞の核の中にあった染色体は、さらに元をたどれば父親の両親（祖母・祖父）から二三本ずつ受け取ったものであるが、組み換えにより、祖母から受け継いだ染色体と祖父から受け継いだ染色体が混ぜられる（性染色体は、ごく一部しか混ざらないけれど）。その混ぜられた二三本ずつが一つの精子に含まれる。そのように精子は作られる。したがって、父親の四つの精子は、一つのもととなる細胞から祖母と祖父の染色体が混ざって四通りになった染色体を持っていることになる。

組み換えとは、核ＤＮＡを混ぜ合わせることである。この「混ぜ合わせ」をすることが、二倍体生物が多様性をもつ源泉の一つとなっている。

ミトコンドリアが独自にもつmtＤＮＡでは、組み換えが起こらない。もともとmtＤＮＡは約一万六千文字が環状につながったゲノムであり、対になっていない。これを一倍体（ハプロイド）と言う。細胞小器官のミトコンドリアや葉緑体は、独自のゲノムを持つが、それは二倍体ではなく、一倍体だ。

系図を描きやすいハプロイド

そして、精子と卵子が合体し受精卵が誕生するとき、精子が持っているミトコンドリアは排除される仕組みがあって、受精卵には卵子に由来するミトコンドリアのみが残る。このため、mtＤＮＡは母性遺伝する。すなわち、母親の系統のみで受け継がれていく。mtＤＮＡはハプロイドなので、組み換えが起こらない。このため、何人かの人のmtＤＮＡの塩基配列を読むことができれば、mtＤＮＡの系図を描くことができる。

何故ハプロイドだと系図を描くことが容易で、ディプロイドだと系図を描くことが難しいのか？

ＤＮＡは自己複製する。この自己複製の際に起こるエラーが「変異」である。エラーは偶然によって起こり、時間軸をもって観察すると一定性をもつ。これが既にお話しした分子時計だ。遺伝子の系図で、変異は樹に枝ができるように表現される。何人かのmtＤＮＡの塩基配列を並べて比較して、文字が異なっている箇所があれば、それは過去に変異によって生じたものである。

変異が誕生するということは、樹の幹に枝が一つ増えるのにたとえることができる。そうすると、樹の形をした系図としてこれらを描くことができる。ところが、ディプロイドの場合、組み換えが起こるため、系図が描けなくなってしまうケースが出てくる。変異が誕生したところで枝を一つ描いても、組み換えが起きれば、これまで別の系統だった枝に、その枝が移ってしまうからだ。

このように、ディプロイドである核ＤＮＡでは常に組み換えが起こるために、系図を描くことが難しい。一方、ハプロイドであるmtＤＮＡは組み換えが起こらないため、系図を描くことが容易だ。言い換えれば、mtＤＮＡに着目すると、とてもシンプルに系統を理解することができる。コンピュータのＣＰＵが、いまほどの処理能力を持たなかった一九八〇年代から九〇年代までは、ハプロイドであるmtＤＮＡやＹ染色体が、分子系統を研究する格好の対象であった。

ＤＮＡ分析を考古遺跡へ持ち込む

弥生人の歯を砕く

古代ＤＮＡ分析の世界的な流行のきざしの中、私が指導教授・植田信太郎から研究テーマとして与えられたのは、佐賀県にあった詫田(たくた)西分(にしぶん)貝塚遺跡という弥生時代の遺跡から出土した人骨のＤＮＡ分析であった。私は毎日、朝から晩まで実験室にこもり、弥生人の骨片からＤＮＡが含まれていると期待される数十ミリリットルの液体を抽出した。これをテンプレートとしてＰＣＲ法での増幅を試み、ＤＮＡの存在を確認する作業を繰り返した。しかし、最初の半年から一年は、全くＰＣＲ増幅に成功しなかった。

液体窒素に、花びらを入れるとガラスのように凍り、叩くと簡単に砕ける。遺跡から見つかった人の骨片も同様の方法で砕くことができる。最初、乳鉢に骨片を入れ、そこへ液窒素を注ぎ込んでカチカチにしてすりつぶした。

ここでいう骨片とは、肋骨など比較的細い骨の一部（数センチ）だ。ところが、肋骨は元々、胸回りの四分の一くらいの長さがあるものなので、骨片となっている部位とは、長い年月を経て、砕けて、両端が剥き出しになっている骨ということになる。こういう骨の場合、地下水などが骨の内側まで入ってきてしまっている可能性があるので、ＤＮＡが物理的に流れ出てしまっていると想像される。つまり、ＤＮＡが残っている可能性が低い。

そこで、試料を提供してくれる研究者に頼んで歯を使わせてもらうことにした。歯の根っこの部分、歯根部の表面はセメント質、内側は象牙質で、その象牙質に取り囲まれて歯髄腔（しずいくう）がある。歯髄腔には生きている間、神経繊維や血管、リンパ管が通っている。当時は、この中にＤＮＡが残っている可能性は高いと考えたのだ。歯は弥生人のＤＮＡを保管したカプセルのようなものと期待できる。

ところが、歯は硬い。弥生人のＤＮＡを守るカプセルとしては優秀であるが、液体窒素に漬けたところで、人の手では容易にすりつぶすことはできない。

そこで、研究室に出入りしていた実験装置を扱う、頼めば何でも作ってくれる業者の社長さんに、硬い歯を破砕する装置を作ってもらった。鉄製のセルは二つのパーツに分かれていて、その間に液体窒素に漬けた歯を挟む。レバーを降ろすと工事現場の削岩機のような騒音を立てながらセルの中で歯を粉砕する「粉砕装置」である。

この特注の装置で、弥生人の歯をひたすら砕いた。物理的に粉砕し、パウダーにした歯をフェノール・クロロフォルムの中で振る。そうするとタンパク質が変性し、ＤＮＡが水に溶け出てくる。この水層を取り出し、冷やした七〇％エタノールを加える。わずかでも弥生人のＤＮＡが存在すれば沈殿するはずだ。

肋骨などの骨片を使った場合、沈殿物は赤黒かったり、黄土色をしていたり、とても実験室で得られた精製物には見えない。一般的な分子生物学の実験ではあり得ない色合いであるが、古人骨からの抽出物では、これが普通である。こうして得られた抽出物に「ＤＮＡが含まれている」と信じて、祈るような思いでＰＣＲする。が、ほとんどの場合、一〇〇文字くらいの短いＤＮＡですら増幅されなかった。

ところが、歯を使うようになってから、沈殿物の色はこれまでよりずっと淡くなった。そして、一年ほど経ったころから、少しずつＰＣＲ増幅によりＤＮＡの存在を確認できるようになっていた。

二つのタイプの弥生人

かつて日本列島には縄文人が住んでいた。そこへ大陸から「移民」がやってきた。大陸とは、もちろんユーラシア大陸の東側のことで、朝鮮半島も含んでいる。日本の考古学や人類学ではこの移民を「渡来人」と呼んでいる。

渡来人は、水田稲作農耕の技術を持って日本列島へ渡ってきたと考えられている。その渡来人の到着地域として第一に挙げられる場所が北部九州だ。吉野ヶ里（よしのがり）遺跡をはじめとし、北部九州には大規模な水田稲作農耕がおこなわれたと考えられる遺跡が存在する。水田稲作農耕の広がりとともに、弥生文化が花開いていった。この弥生文化の時代を弥生時代と呼んでいる。

弥生時代の、特に北部九州の遺跡から発掘される人骨には、ザックリと言って二つのタイプがある。もともと住んでいたと思われる縄文人の顔立ち、骨格プロポーションの人骨と、そうではない人骨だ。後者のような縄文人の特徴とは異なる人骨は、大陸からやってきた人々（渡来人）と推定される。

ごく単純化すれば、縄文人の身体的特徴を持つ人骨と渡来人の身体的特徴を持つ人骨が混在して見つかる。すなわち、北部九州の弥生時代の人々（つまり弥生人）には、もともとその地に住んでいたと思われる縄文人系の弥生人と大陸から渡ってきた渡来系の弥生人が共存していたように見えてくる。

ＤＮＡ配列と埋葬様式

詫田西分貝塚遺跡では、この両方、すなわち縄文人っぽい特徴を持つ人骨と、渡来人っぽい特徴を持つ人骨の両方が出土していた。これは格好の分析対象だった。縄文人っぽい特徴を持つ人骨と、渡来人っぽい特徴を持つ人骨のＤＮＡを調べることができれば、それぞれの形態的特徴をもつ人骨の系統を検証できるかもしれない。

ところが、そんなに都合良くはいかなかった。ＤＮＡ抽出を進めていくにつれ、ＰＣＲ増幅に成功した人骨試料の数は増えていったが、それら人骨の形態的特徴が、必ずしも明らかではなかった。人骨試料五〇検体以上からＤＮＡ抽出を試み、ＰＣＲ増幅に成功したのは、二六検体だけだった。そして、その大半の人骨の形態が、縄文人っぽいか、渡来人っぽいか、明確に判断できるものでは無かった。つまり、遺跡全体では二つのタイプの弥生時代の人骨が出土していたのだけれど、mtＤＮＡのＤループと呼ばれる変異が多い領域の一部、一四一文字を読むことに成功した二六検体のほとんどが、二つの形態的タイプのうちのどちらか明確にはわからなかった。

ただ、この遺跡にはもう一つの特徴があった。人骨は、二つの埋葬様式で葬られていたのだ。甕棺墓（かめかんぼ）と土壙墓（どこうぼ）である。
甕棺と呼ばれる長さ一メートルくらいある棺に埋葬された人骨がみつかる。これとは別

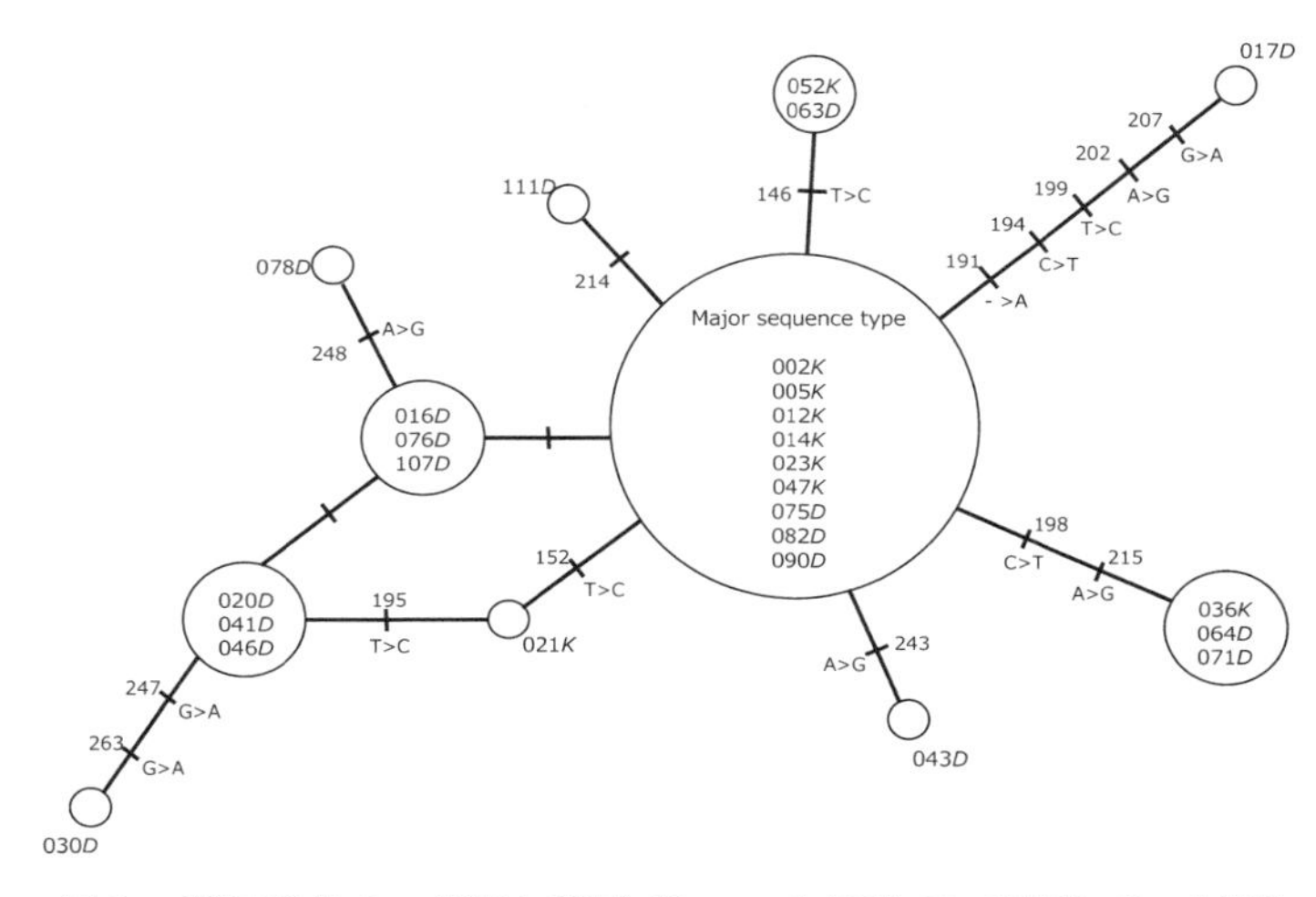

図８　詫田西分のmtDNA系図（Oota et al. 1995）K：甕棺墓　D：土壙墓

に、土面に直接穴が掘られ埋葬された人骨もみつかる。これが土壙墓である。いずれもこの時代のこの地域に存在した埋葬様式である。詫田西分貝塚遺跡では、これら二つの埋葬様式が共存していた。そこで二六検体のそれぞれに、どちらの埋葬様式から出土したものか、しるしを付けていった。

詫田西分貝塚遺跡で得られたmtＤＮＡの配列は全部で一一タイプあった。二六人の配列をじっくり調べると、九人が特定の同じ配列タイプをもつことがわかった。つまり一一タイプのうちの一つは、三割以上の人で共有されていた。残りの一〇タイプは、三人で共有されたタイプが三つ、二人で共有されたタイプが一つ、一人で共有されたタイプが六つであった（図８）。

このように明らかに九人で一つのタイプを共有しているのは、特別な感じがあった。そこでこの特定の配列タイプを「サークルＡ」と名付けた。そして、このサークルＡの配列を共有する九人のうち、六人が甕棺墓に埋葬されていた人で、三人が土壙墓に埋葬された人だった。逆に、残りの一七人のうち、三人が甕棺墓に埋葬されていた人で、一四人が土壙墓に埋葬された人だった。

埋葬様式から見てみると、二六人中、甕棺墓に埋葬されていたのは九人、土壙墓に埋葬されていたのは一七人だった。サークルＡの配列を共有していたのは、甕棺六人、土壙墓三人である。サークルＡ以外の配列では、甕棺三人、土壙墓一四人だ。この差は、統計学的に有為なものだった。

甕棺に埋葬されていた人の六七％は、同じmtＤＮＡ配列・サークルＡであったという事実は、甕棺に埋葬されていた人たちが女系だけに伝わるmtＤＮＡの系統において近縁であった可能性を示している。その「近縁であった可能性」をもう少し詳細に考察するなら次の二つの可能性ということになる。

①もし、甕棺と土壙墓が同時期に存在したのであれば、死者を埋葬する際に、母系の血縁関係が考慮されていたのかもしれない。

②もし、甕棺と土壙墓の時期が少しずれていたとしたら、甕棺に埋葬された人と土壙墓

に埋葬された人は、遺伝的に若干異なる出自の人たちだったかもしれない。

発掘の状況から、甕棺墓と土壙墓、それぞれの時期は異なっていたと考えるのが自然であったので、後者の可能性が高いと考えられた。

このように、得られたmtＤＮＡ断片は一四一文字ときわめて少なかったけれど、この研究は遺伝情報を発掘現場での考古学的情報と組み合わせて議論する先駆け的研究の一つとなった。私たちはこの成果を論文にまとめ、アメリカの自然人類学の専門誌（*American Journal of Physical Anthropology*）に投稿し、一九九五年に出版された。私にとっては、初めての論文出版となった。

失態・問題・困難の表出

幻の恐竜ＤＮＡ

一九九四年十一月、ちょっとトリッキーな論文が *Science* 誌に発表された。その論文のタイトルは『白亜(はくあ)紀の骨片からのＤＮＡ配列（DNA sequence from Cretaceous period bone fragments)』。恐竜の骨片からＤＮＡを抽出し、mtＤＮＡの塩基配列を読んだ、というものであった（図9）。

一九九〇年に出版されたマイケル・クライトンの小説『ジュラシック・パーク』をスティーブン・スピルバーグ監督が映画化し、最初に大ヒットしたのが一九九三年であったので、この論文はそうした意味でもタイムリーで、話題となった。スピルバーグ監督の映画のタイトルは「ジュラ紀公園」であるが、登場する恐竜は白亜紀のものが多い。好みではあるが、ジュラ紀の恐竜よりティラノザウルスなど白亜紀の恐竜の方がカッコイイからだ

図9　DNAが“抽出”されたユタ州の恐竜の骨（Woodward et al. 1994）

ろう。

マイケル・クライトンは、ハーバード大学医学部出身で、医学博士であったことは、よく知られているが、医学部に入る前は英文学を専攻し、その後、自然人類学に転向し、学士号を取得していた。クライトンのこの小説は、彼の医学、分子生物学、自然人類学に関する豊富な知識をもとに創作された。

小説『ジュラシック・パーク』では琥珀（こはく）がキーとなる古代生物の遺物として登場する。琥珀は樹液が固まった天然樹脂である。樹液に、たまたまアリやシロアリなど小型の昆虫が捕らえられることがある。これが琥珀となり、その強力な樹脂のおかげで、とても保存状態のよい昆虫標本ができあがる。

物語の中では、琥珀に閉じ込められた恐竜の血を吸った蚊から、恐竜の血液細胞の核を取り出し、カエルの受精卵の核と入れ替え、恐竜をよみがえらせる。実際、ＤＮＡは水と酸素の存在下で酸化し加水分解するが、琥珀の内側には、外から水と酸素が入ってこないので、これら古代の虫たちは姿形だけでなく、ＤＮＡも無傷で保存されていると期待できる。ただし、そのＤＮＡを取り出す作業は、真空状態でおこなわないと、琥珀に穴を開けたとたん、閉じ込められた虫の細胞はいっきに酸化してしまうだろうし、ジュラ紀（約二億年前〜）や白亜紀（約一・五億年前〜）に、現代と同じような蚊が存在し、本当に恐竜の血を吸っていたかどうかは、定かではない。

ユタ州で発掘された約八千万年前の恐竜の骨からＤＮＡが回収され、mtＤＮＡにあるシトクロームｂという遺伝子（この遺伝子は生物の系統解析をする際によくもちいられる）の配列が発表されたとき、誰もが『ジュラシック・パーク』を想起した。が、同時に誰もが疑った。琥珀に閉じ込められたティラノサウルスが見つかったわけではない。分析されたのは、地中から発掘された骨だ。

発表された論文には解読されたmtＤＮＡの配列が公表されたので、この論文を疑った研究者達は、こぞって公表された配列データを使った再解析をおこなった。なぜなら、普通こうした進化学的な研究の論文ではあり得ないことであるが、オリジナルの恐竜ＤＮＡ論文には、いっさい系統樹が示されていなかったからだ。そして驚くべきことに、この恐竜のシトクロームｂ配列は、現存するいかなる生物とも似ていなかった。

通説として、恐竜は現在の鳥類に近いと考えられている。しかし、ニワトリのシトクロームb配列とは似ていなかった。そして、他の研究者達が検証のため公表されたDNA配列にもとづく系統樹を作成してみると、その恐竜は地球上に現存するいかなる生物よりも私たちヒトに似ていた。

明らかにコンタミネーションによる誤った恐竜DNAの報告だった。しかし、さらに誰もが首をかしげたのは「ヒトの配列とも違っていた」ことだった。実験者や化石の発掘作業にあたった研究者のDNAが恐竜の骨片に付着していて、それが誤ってPCR増幅されたのであれば、得られたシトクロームb配列は、ヒトの配列と一致するハズである。しかし、ヒトの配列と似ているものの、同じではなかった。

PCR警察

恐竜DNAの出版された翌年、*Science* 誌は恐竜DNAの誤りを指摘する「テクニカル・コメント」を三本掲載した。そのうち一本はスヴァンテ・ペーボたちのグループのものだった。この頃、スヴァンテはカリフォルニア大学からドイツのミュンヘン大学動物学研究所に異動していた。彼らの批判は三本の批判論文の中でも秀逸であった。恐竜の骨片に混入したのは、ヒトのDNAであることは間違いないが、PCR増幅されたのは、ただのヒトmtDNAではなく、ヒトの核DNAに取り込まれたmtDNAの断片であった。スヴァンテたちの批判論文はこの現象を明らかにしていた。

既に述べたとおり、細胞の中にはミトコンドリアという細胞内器官があり、細胞にエネルギーを供給する専門の装置として働いている。ミトコンドリアは、細胞核（nuclear）とは別に独自のゲノムを持っている。ここにＮＵＭＴ（ニューマイト）と呼ばれているＤＮＡが登場する。偶然、mtＤＮＡの一部が、細胞核のＤＮＡに取り込まれるケースがある。その機序は明確には不明だが、これがニューマイトだ。

細胞核に格納されているＤＮＡとmtＤＮＡでは、変異が起こる確率（突然変異率）が異なる。mtＤＮＡの突然変異率の方が高く、核ＤＮＡのそれの方が低い。したがって、過去に核ＤＮＡに取り込まれたmtＤＮＡの断片は、取り込まれる前よりゆっくりと変異を蓄積していく。そんなニューマイトをＰＣＲ増幅し、塩基配列を読むと、mtＤＮＡ配列とは似ているけれど、同じではない配列となっている。

恐竜ＤＮＡと思われたＰＣＲ産物は、ヒトと似ていたけれど完全に同じではなかった。その理由は、mtＤＮＡそれ自体ではなく、細胞核のニューマイトを増幅してしまっていたからだった。スヴァンテ達は、この事実を実験的に示して見せ、完膚なきまでに恐竜ＤＮＡの誤りを明らかにした。

クアッガとエジプトのミイラのＤＮＡの論文が世に出て以来、ある種の流行として古代ＤＮＡ分析は様々な絶滅動物に対して試みられ、*Nature*や*Science*といった一流誌に掲載されていた。絶滅動物の試料の古さは、どんどんエスカレートしていき、約八千万年前の恐竜の骨は、その究極の一つでもあった。しかし、「本当にそんなに古いDNAが残存するのか」を突き詰めることこそが、本来の科学のあるべき姿であったが、それは軽んじられた。いずれもPCR法でのDNA増幅に依拠し、その信憑性を示すデータの提示は、おろそかになっていた。

スヴァンテ達は、当時、まるで「警察」のように、怪しげな古代DNA分析を検証し、しばしば他の研究グループの論文を批判するコメントを発信していた。自分のエジプトのミイラDNAが、多くの疑いと批判にさらされ、コンタミネーションの恐ろしさを思い知らされていたからだろう。一九八五年頃から一九九〇年代までの古代DNA分析は、このように、話題優先の古さ競争と、その誤りを指摘する批判論文との泥仕合の様相を呈していた。

日本での古代DNA分析

先述のように、私の論文デビュー作は、北部九州の弥生人のmtDNA分析であったが、日本での古代DNA分析は、私たちの論文より以前にも発表されていた。もっとも早い報告は国立遺伝学研究所の宝来聰らによる一九九一年の縄文人骨五検体のmtDNA分析だ。

繰り返しになるが、mtDNAは約一万六千文字の環状ゲノムである。この環状ゲノムに基本的には、あまり隙間なく、遺伝子が並んでいるが、一部、遺伝子がコードされていない領域がある。mtＤＮＡに限らずＤＮＡは自己複製する性質を持っているが、その複製が始まる場所を複製起点と呼んでおり、mtＤＮＡの複製起点周辺には遺伝子がコードされていない。この領域をＤループ領域と呼んでいる。Ｄループ領域には遺伝子がないので、変異が起きても害が無く、起こった変異を蓄積しやすい。このためＤループ領域は、ハイパー・バリアブル（hyper-variable）領域とも呼ばれ個人差が大きい。ちなみに、ＤループのＤは displacement（置換）のＤだ。

個人差が大きいということは、遺伝的に近い集団どうし、あるいは遺伝的に近い集団間での違いを議論する際に多くの情報を提供してくれる。こうした理由から、私たちの弥生人でも、宝来らの縄文人でも、このＤループ領域の文字が読まれた。さらに一九九九年には現・国立科学博物館・館長である篠田謙一が、縄文人二九体の同領域を分析し、発表している。

古人骨の核ＤＮＡについては、法医学者である黒崎久仁彦らが植田信太郎とともにＶＮＴＲ（variable number of tandem repeat）という領域の分析を行ったのが、日本で最初で、おそらく世界的にもかなり早かった。ＶＮＴＲとはゲノム中にある繰り返し配列を含む領域のことだ。

繰り返し配列とは、たとえばＡＣＧＴという四文字が、繰り返し並んでいる領域のことで、多くの場合、繰り返していること自体に生物学的役割はない。文字が繰り返している領域は、生殖細胞を作る際のエラーが起こりやすいので、個人ごとに異なる繰返し回数を持つ場合が多い。例えば、ある人では一一回繰り返されている組み合わせで（ディプロイドなので二つ持っている）、別の人では一三回繰り返しの組み合わせでもっている、あるいは、また別の人では一一回と一三回の繰り返しの組み合わせで持っている、といったバリエーションを持つ。法医学的には、このVNTRをもちいて犯罪捜査がおこなわれ、実際に犯人の同定などに使われているが、この研究では遺跡から出土した人骨の血縁関係が分析された。

このように世界的潮流に遅れることなく日本でもヒト以外の生物も含め古代DNA分析が進められてきた。しかし、決定的な問題があった。日本列島は温暖多湿なモンスーン気候帯にその大半が位置し、しかも火山列島である。土壌は、火山灰のため、酸性に傾いている。こうした自然条件のため、生物の遺物は元来残りにくい。高い湿度のため、遺物は腐りやすく、ミイラのような状態で偶然に残ることも、自然状態では、ほぼ無い。酸性土壌は、カルシウムである骨をも溶かしてしまう。こうしたことから、古代のDNAを分析したいと思っても、その分析対象となるミイラや骨が、世界の他に地域に比べて少なく、仮に生物遺物が残っているとしても、その中のDNAはダメージを受け、分子の数が減り、分析が困難な場合が多いのだ。

そんな困難な状況は研究者達の間では広く知られていた。しかし、この分野に大きな期待をかけた人類学者の尾本惠市は、東京大学を退官した後に赴任した国際日本文化研究センター（京都市西京区）に古代ＤＮＡ分析実験室を作り、また古代ＤＮＡ研究会を発足した。こうして二〇世紀が幕を閉じる頃、日本にも古代ＤＮＡ学の種が蒔かれ、芽を出しつつあった。

古代ゲノムが書き替えたサピエンス史

「サピエンスに起こった認知革命」という仮説

破格のベストセラー「サピエンス全史」

ヘブライ大学のユヴァル・ノア・ハラリが書いた『サピエンス全史』（原題は『Sapiens A Brief History of Humankind』。日本での初版は二〇一六年、柴田裕之訳）のお陰で「サピエンス」という言葉は「現生人類」を指す言葉として広く世間で定着した。ハラリは歴史学者だけれども、歴史（history）が始まる前、つまり文字が生まれる前の時代（先史時代）にさかのぼって、この本の中で論述している。

多くの場合、歴史学者は文字のなかった時代を扱わない。文字の無かった時代の人類の営みを研究対象とするのは、もっぱら人類学者や考古学者だ。なので自分達の領域に、断りもなくハラリが踏み込んできたと感じる人類学者や考古学者も多くいる。しかし、そんな学者達の想いとは関係無く、この本はバカ売れした。ハラリは、この本の中で次のように言っている。

「だが過去二〇〇年間に、生命科学はこの信念を徹底的に切り崩した。人体内部の働きを研究する科学者たちは、そこに魂は発見できなかった。彼らはしだいに、人間の行動は自由意志ではなくホルモンや遺伝子、シナプスで決まると主張するようになっている—チンパンジーやオオカミ、アリの行動を決めるのと同じ力で決まる、と。私たちは司法制度と政治制度は、そのような不都合な発見は、たいてい隠しておこうとする。だが率直に言って、生物学科と法学科とを隔てる壁を、私たちはあとどれほど維持することができるだろう?」。

当を得た指摘であり、このハラリのクエスチョンを、私は重要な問いだと思うけれど、でも、「自然」科学者はそれほど断定的に物事を考えたり、言ったりはしない。

「人類」と「ヒト」を区別する

私たちのような理系の人類学の研究者が何の注釈も付けずに片仮名で「ヒト」と言った場合、ふつうは「ホモ・サピエンス」のことを指している場合が多い。学名 *Homo sapiens*（ホモ・サピエンス）の「サピエンス」が「賢い」という意味をもつことはよく知られているが、これは種小名である。その前についている「ホモ」は「ヒト」を意味する属名である。つまり私たちはホモ属に属するサピエンスという種小名をもつ生物である。

私たち（少なくとも私）は「ヒト」という語を「人」や「人間」と区別して使う。「ヒト」と片仮名で記載するとき「いま私は生物学的な種について話していますよ」というメッセージを込めている。つまり、ハラリの言う「生物学科と法学科とを隔てる壁」をまだ意識下において言葉を使い分けている。法の下で裁かれるのは、「ヒト」ではなく「人」だ、と思っている。

私たちは普通「ヒト」と「現生人類」を同じ意味で使う。「現生人類」に対して「古人類」という言葉があり、この言い方は文字通り「今は存在しない（古い）人類」という意味だ。

私たちは（これも明確な決まりがあるわけではないが）「ヒト」と「人類」も区別する。どちらも生物学的意味でもちいられるが、「人類」は、チンパンジーと私たちの祖先が別れた後、「ヒト（ホモ・サピエンス）」につながる系統に含まれる複数の種を総称するときに使われる場合が多い。このあと少し詳しく述べるが、過去にさかのぼると「人類」は一種ではなく、たくさんの種がいた。複数種の「人類」がいた中で、現在は一種だけ生き残った。その幸運な種がホモ・サピエンスである。

したがって、「人類の起源」と「ヒトの起源」はその時期が全く異なる。チンパンジーと分岐した後、ヒトへ向かった系統として現在知られる最も古い化石は、多少の異説はあるものの、サヘラントロプス・チャデンシスだ。この化石は約七〇〇万年前と推定されているので、「人類の起源」は、だいたい七〇〇万年前頃だということになる。一方「ヒトの起源」は、ホモ・サピエンスが他の人類と分岐したイベントを指し、これも後で詳細を述べるが、だいたい三〇～一〇万年前と推定されている。なので「サピエンス全史」と言った場合、厳密にはたった三〇～一〇万年くらいの「歴史」しかない。それでも、文字記録が現れる有史以前が大半を占めるので、この「歴史」は書物で調べることはできない。石器を調べるか、化石を調べるか、DNAを調べるしかない。

五万年前に何が起きたか？

私たちは「解剖学的現代人」という言葉も使うが、これは生きている人に向かってはあまり使わない言葉だ。化石骨（といっても、必ずしも化石化が完全ではない場合も多く、有機物が残っている場合が多いが）を調べる過程で「これは解剖学的に現代人だ」と判断される場合、この言葉が用いられることが多い。そして、研究者によって若干のニュアンスは異なると思うが、例えば私が「解剖学的現代人」という言葉を使う場合、「解剖学的には現代人と同じでも、認知能力が現代人と同じかどうかは分からない」というニュアンスを含ませている。

ハラリの『サピエンス全史』では「認知革命」がキーとなる概念として登場するが、人類学や考古学においても「認知革命」の問題は重要な研究テーマである。

もちろん、「認知革命」はハラリのオリジナル概念ではない。『サピエンス全史』が出版されるずっと以前から、サピエンスの認知能力の急激な進化については、石器など人工遺物をもとに議論されてきた。私は、スタンフォード大学の古人類学者のリチャード・G・クラインが二〇〇四年に出版した『5万年前に人類に何がおきたか？　～意識のビッグバン～』でこのアイディアを知ったけれど、もっと古く、少なくとも一九九九年にクラインが著した教科書に登場するそうだ。アフリカで誕生したホモ・サピエンスは五万年前頃、道具、社会組織、抽象概念を発明したとするアイディアである。

サピエンスが文化を築き、虚構を共有する能力は、クラインの本よりもさらにずっと以前から考古学者や人類学者の間で議論されてきた。クラインはそれが「遺伝子の変異によって生じた」と主張した。大脳の神経ネットワークを、それ以前から大きく変化させる遺伝子の変異を彼は想定したのだ。しかし、これには状況証拠しかなく、そういう神経ネットワークも遺伝子も、いまのところ見つかっていない。

ハラリは「ほとんどの研究者は、これらの前例のない偉業は、サピエンスの認知能力に起こった革命の産物だと考えている」と書いているが、そんなことはない。「認知革命」に否定的な研究者は多い。私の周囲でも「そうかもしれないけど、まだよく分からない」

と思っている研究者、「認知革命は間違いである」と完全否定する研究者、どちらも存在する。ハラリは「サピエンス全史」において「認知革命ありき」で議論を始めてしまっているけれど、まだ「認知革命」自体、検証すべき仮説であり、決着はついていないのだ。

そもそもハラリが暗に想定している「神を思い描くことを可能にする神経ネットワーク」が、どのようなメカニズムで作られていて、それを作る遺伝子は何という遺伝子かを突き止めなければ、科学的議論の俎上にのらない。仮説の上に仮説を積み上げても、それは科学として認められない。

一方、約二〇万年前のサピエンスの誕生から約六万年前の出アフリカ（アフリカ大陸からの拡散）、そしてユーラシア大陸の各地域への拡散は多くの証拠が示されてきている。考古遺物だけでなく、遺伝学的研究からも、である。つまり、これらのイベントは確実な証拠のもとで「科学」として議論が展開されている。

サピエンス前史

「猿人、原人、旧人、新人」について

人類進化の段階として中学・高校の教科書に「猿人、原人、旧人、新人」という言葉が出てくるが、この中で「新人」が「ヒト」であり「現生人類」であり「ホモ・サピエンス」である。この「猿人、原人、旧人、新人」に、「初期の猿人」を加えて現在では五つのカテゴリーとして、専門用語ではないけれど、もちいられている。

かつて「段階説」というのがあって、人類が単一種から段階的に進化してきたとするアイディアだ。この考え方は一九六〇年代ごろに誕生したのだけれど、一九七〇年代以降に「原人に進化しなかった猿人」の化石が発見されるなどし、否定された。そうした理由から、一時期、専門の研究者は、「猿人、原人、旧人、新人」を使うことを避けてきた。

しかし現在では「初期の猿人、猿人、原人、旧人、新人」という言い方は、「段階説」と切り離してもちいられている。最近では特に、便利で使う機会が増えてきた。その理由はＤＮＡレベルで「旧人」がにわかに脚光を浴びる発見が相次いでいるからだ。詳細は後述するが、本書では「初期の猿人、猿人、原人、旧人、新人」という言い方を使ってお話しする。

サピエンス誕生をめぐる二つの仮説

サピエンスの誕生をめぐっては、かつて二つの仮説が唱えられ、一九九〇年代までその論争は火花を散らしていた（図10）。これらの仮説を解説するには、「原人」の段階から話をする必要がある。

「原人」とは、北京原人とかジャワ原人といった化石で知られる人類進化の段階を表す呼び名だ。「猿人」には有名なアウストラロピテクスなどが含まれる。アウストラロピテクスは属名で、アウストラロピテクス・アファレンシスとかアウストラロピテクス・アフリカヌスなど、複数のアウストラロピテクス属に分類される種の化石が見つかっていて、例えばアファレンシスはアファール猿人などと呼ばれている。前出のサヘラントロプス・チャデンシスは初期の猿人で、サヘラントロプス属に分類される。アウストラロピテクス属よりも古い猿人だ。

では、北京原人とかジャワ原人はどうかというと、これらはホモ属に分類され、現在はホモ・エレクトスという一つの種にまとめられている。つまり私たちサピエンスと同じホモ属の人類だ。猿人として括られる複数のアウストラロピテクス属の中のいずれかが進化し、ホモ属の誕生につながる。

ホモ属の誕生はアフリカ大陸と考えられている。初期のホモ属にはホモ・ハビリスなど複数種の人類がいたことが化石の分析から分かっているが、みなアフリカ大陸に留まった。ところがホモ・エレクトスは、アフリカ大陸の外へ進出した。少なくとも一八五万年前と推定されている。

サピエンス誕生をめぐる二つの仮説のうち一つは、ホモ・エレクトスの出アフリカの結果、それぞれの地域でエレクトスからサピエンスへ進化した、と考える「多地域連続進化説」と呼ばれるものだ。つまり、ユーラシア大陸の東端では北京原人が進化して現代の東アジア人になり、ジャワ原人が進化して現代のオーストラリア先住民になったと考える。

これに対し、もう一つの仮説は、それぞれの地域のエレクトスはそれぞれの地域のサピエンスの直接の祖先ではないと考える。いったんはユーラシア大陸の東端まで広がったエレクトスは絶滅し、新たにアフリカ大陸で進化したサピエンスが、二回目の出アフリカを成し遂げ、ユーラシア大陸のみならず、アメリカ大陸へも拡散し、地球全体に広まったと考える。これが「アフリカ単一起源説」だ。

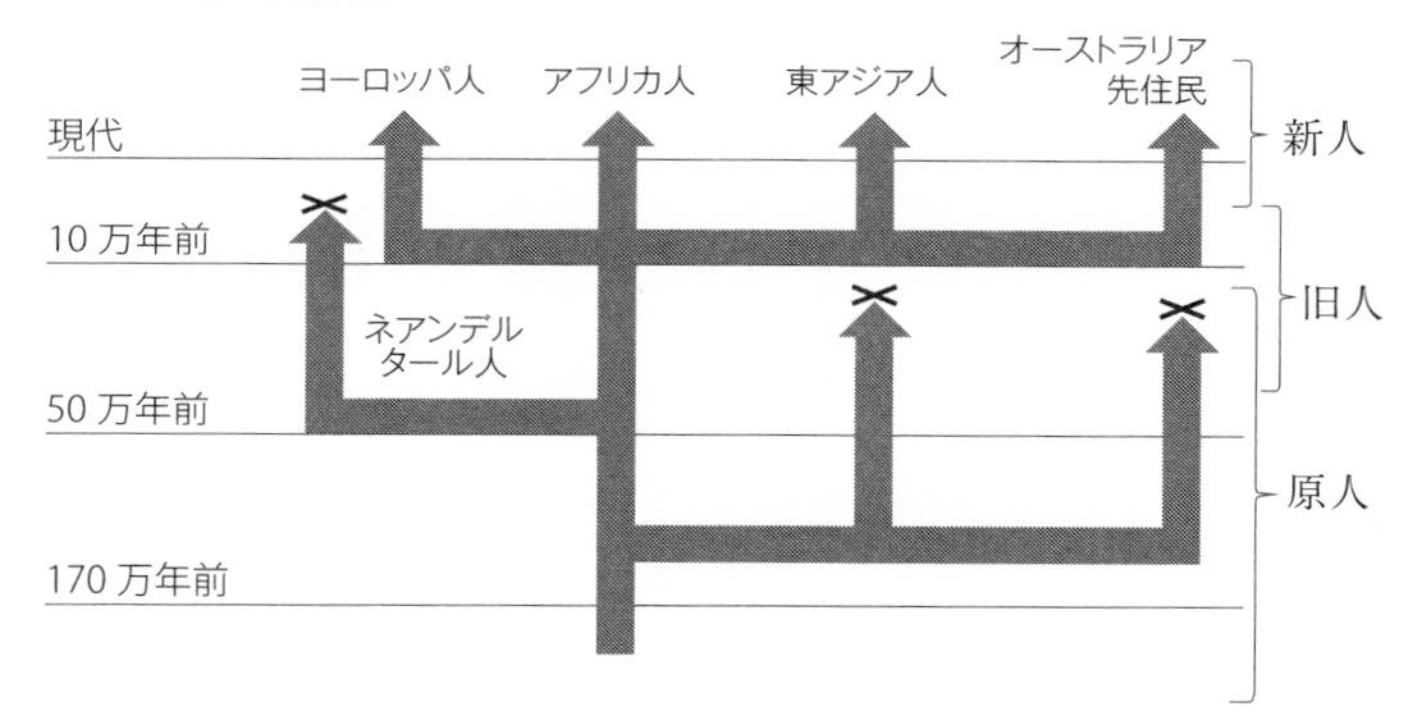

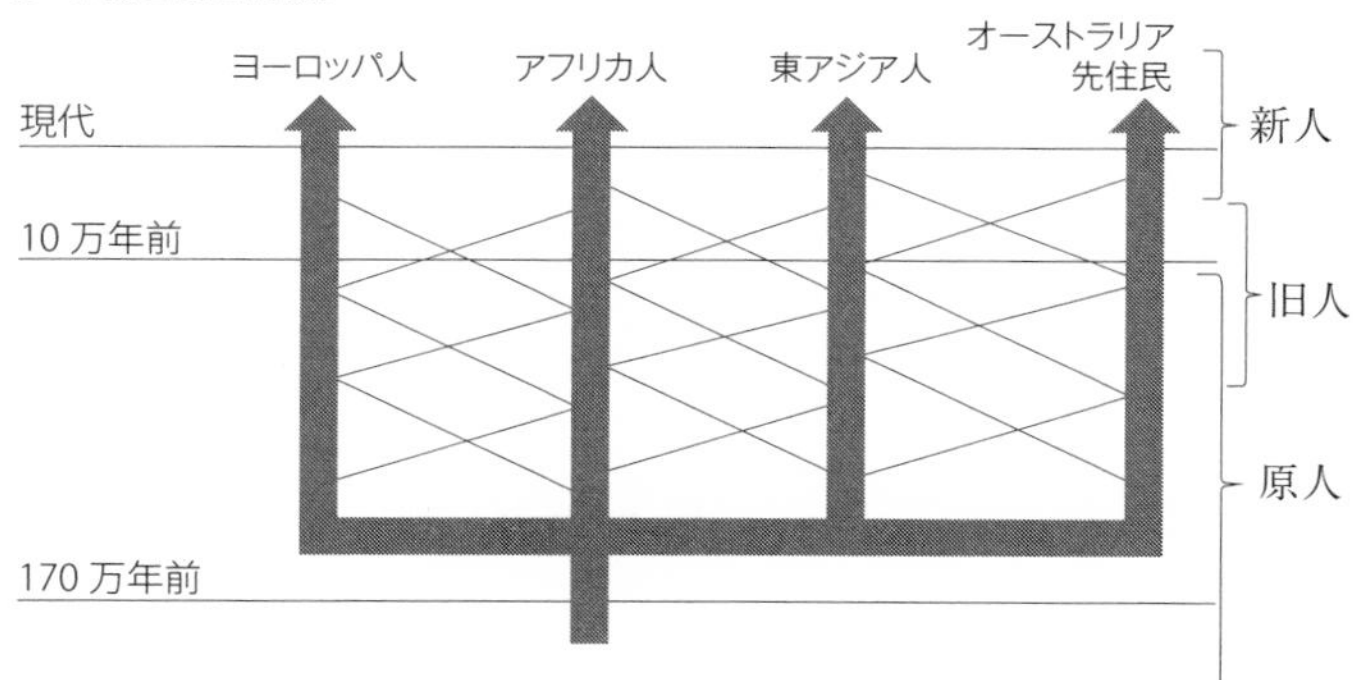

図10　アフリカ単一起源説と多地域連続進化説の概念図

つまり世界各地に広まった「原人」が、それぞれの地域で「新人」に進化したと考えるか、アフリカ大陸に留まっていた「原人」から「旧人」が進化して、そこから「新人」に進化したと考えるかの違いだ。

二つの仮説のそれぞれの弱点

もともと化石の研究から始まった議論だけれど、分子進化学や遺伝学の立場からも、この二つの仮説の議論は広く興味がもたれてきた。何故なら、リチャード・G・クラインの「認知革命は遺伝子の変異によって生じた」と少し似ているが、「原人」から「新人」への進化も「遺伝子の変異によって生じた」と考えるのが普通だからだ。むしろ認知革命は単純な遺伝子の変異では説明できないかもしれないけれど、「原人」から「新人」への進化は、遺伝子の変異なくしては考えられない理由がある。

エレクトスの化石形態にはサピエンスと様々な違いがあるが、一番の差違は脳容量だ。サピエンスの脳容量は平均で一三五〇〜一四〇〇ccくらいである。一方、初期の原人であるハビリスの脳容量は六〇〇cc、ジャワ原人の脳容量は一〇〇〇ccくらいである。つまりサピエンスへの進化は、脳容量の約一・五倍の巨大化を伴っている。この変化は、環境要因ではまず説明できない。間違いなく遺伝子の変異によって生じた変化だ。しかし、どの遺伝子に、どのような変異が起こったのかは、いまのところ不明だ。一つの遺伝子に起こった変異か、複数の遺伝子に起こった変異かもわからない。少なくとも一つの遺伝子には変異は起こったはずで、何故なら、そうでなければ脳の巨大化は成し得ないはずだからだ。

解剖学的現代人の最も古い化石は約三〇万年前のものだ。エレクトスが誕生した約二〇〇万年前から三〇万年前までの間に一回は、一つの遺伝子に変異が起こった。そういう変異が、世界各地で多発的に起こったとは考えにくい。この点が「多地域連続進化説」の弱点であった。

そこで「頻繁な交雑」が想定された。各地のエレクトスが頻繁に互いの遺伝子を交換し合っていたとしたら、脳容量を約一・五倍にする遺伝子の変異が、交雑によって広がり得る。ところが、この「頻繁な交雑」という修正案も怪しかった。当然のことながら現代のように飛行機や船、自動車などがあった時代ではない。石器時代に各地の人類が頻繁に交流するチャンスがあっただろうか？　それよりは、脳容量を約一・五倍にする遺伝子の変異が、アフリカ大陸に留まったエレクトスで起こり、新種（＝サピエンス）が新種として誕生し、二回目の出アフリカを果たした、と考える方が自然ではないか？　これが「アフリカ単一起源説」の主張であった。

他方、「アフリカ単一起源説」にも弱点があった。北京原人の形態的特徴は現代の東アジア人に受け継がれているし、ジャワ原人の形態的特徴はオーストラリア先住民に受け継がれている、と。これは、どう説明するのか？「多地域連続進化説」を支持する研究者は主張した。北京原人やジャワ原人が絶滅し、現生人類へ遺伝子を引き継いでいなかったとしたら、こうした形態的特徴の連続性は、どう説明すればよいのか？

ネアンデルタール人という難問

さらにもう一つ難問があった。ネアンデルタール人の存在だ。ホモ・ネアンデルターレンシス、日本の教科書で「旧人」として紹介されるネアンデルタール人は、三〇万年前以降に、ヨーロッパで進化したとされている。その後、西アジアや中央アジア、南シベリアまで拡がったらしい。いずれにしても、ヨーロッパから西アジアにかけて広く分布していた。サピエンスがユーラシア大陸の西側、つまりヨーロッパ大陸に進出したのは約五万年前であることは既に述べた。当時のヨーロッパ大陸には、サピエンスとネアンデルタールが共存していたことになる。実際、四〜五万年前のクロマニョン人（彼らはホモ・サピエンスである）と最後のネアンデルタール人の遺跡が、ヨーロッパでは混在している。「アフリカ単一起源説」が正しいとしたら、それはサピエンス以前に出アフリカを果たしていたネアンデルタールは、絶滅したことを意味する。

同じ環境であったはずのヨーロッパ大陸で、なぜネアンデルタール人は絶滅し、クロマニョン人は生き残ったのか？　その説明が必要になる。「原人」の脳容量は「新人」のそれより明確に小さかったけれど、「旧人」ネアンデルタールの脳容量は平均で一四〇〇cc。「新人」であるサピエンスと変わらない。むしろやや大きいくらいだ。

一九八〇年代後半から一九九〇年代の前半まで、この二つの仮説は、ぶつかり合っていた。特に次にお話しするミトコンドリア・イヴの論文が出た一九八七年頃、その議論は白熱した。

アフリカ単一起源説をめぐる論争

分子生物学を応用する

カリフォルニア大学バークレー校のアラン・C・ウイルソンの研究室では、細胞内器官であるミトコンドリアが独自にもつゲノム、mtDNAに関する複数のプロジェクトが、一九七〇年代から進められていた。ウイルソンは、本書「絶滅生物のDNAを追う」のクアッガの剥製のDNA分析の話で登場した、世界で最初に古代DNA分析をおこなった分子進化学者だ。

前にもお話ししたが、一倍体（ハプロイド）であるmtDNAは、生殖細胞ができる際に二倍体（ディプロイド）である核ゲノムでは起こる「組み換え」が起こらない。このため、mtDNAの変異を調べれば、その生物の系統を比較的単純に見ることができる。ウイルソンの研究室のポスドクであったレベッカ・キャンは、世界中からヒトのmtDNAサンプルを集めていた。サピエンスの多様性と起源を明らかにするプロジェクトだ。

このプロジェクトに博士課程の大学院生としてマーク・ストーンキングが加わった。マークは、オーストラリア先住民とニューギニア先住民から胎盤を集めた。そして世界中（五つの大陸）から集めた一四七人のサンプルからmtＤＮＡを抽出し、分析した。

この最初の分析は制限酵素（restriction enzyme）と呼ばれる酵素によるＤＮＡの切断パターンを見ることでなされた。当時はまだＤＮＡの塩基配列決定が容易ではなかったからだ。制限酵素とは、バクテリアがもっている酵素で、この種の酵素はＤＮＡを特定配列で切断する。特定配列とは四〜六文字の短い文字列で、制限酵素はその短い文字列を認識してＤＮＡ鎖を切断する。もし、その短い配列の中の一文字に変異があれば切断できない。

例えばこうだ。「ＡＡＧＣＴＴ」という文字列を認識する制限酵素がある。この酵素はＤＮＡの長い文字列の中にこの文字列を見つけると最初のＡと二番目のＡの間で切断する。ところが、仮に「ＡＧＧＣＴＴ」のように二番目のＡがＧに変異していたとする。そうすると、この制限酵素は、この文字列を認識することなくスルーする。つまり切断されない。このように、切断されるか、されないかで、変異の「有る無し」を調べることができる。

こういう酵素が自然界に約四〇〇〇種類くらいあって、そのうち六〇〇種類くらいが市販されている。制限酵素を複数種類使ってＤＮＡを切断する。そうすると、個人個人によって、それぞれ違った切断パターンが観察できる。それはまるで人の手の指紋のようなのでＤＮＡフィンガープリンティングと呼ばれている。この指紋を見る方法をＲＦＬＰ（Restriction-enzyme Fragment Length Polymorphism）という。当時、ＤＮＡフィンガープリンティング法は、法医学でももちいられる個人識別技術の一つだった。

ミトコンドリア・イヴの誕生

キャン、ストーンキング、ウイルソンは、一二種類の制限酵素で世界中から集めた一四七人のmtＤＮＡを切断した。すると一三三個の異なる切断パターンが観察された。これらは全て、塩基配列上の変異により特徴づけられる。彼らは一三三タイプを、ちょうどあみだくじをたどるように結びつけて樹形図を作成した。こうした樹形図を遺伝子系統樹（gene tree）という。

できあがった系統樹はアフリカ大陸に現在住んでいる人々だけを含む枝と、アフリカ大陸以外の大陸に住んでいる人々も含む（でもアフリカの人々も含む）枝によって構成されていた。この系統樹のパターンは何を意味するのか？　簡単に言えば、現在の五大陸に住む人々（つまり全ての現生人類）は、mtＤＮＡ多様性において、現在アフリカ大陸に住んでいる人々の部分集合である、ということだ。別の言葉で言うなら、アフリカ大陸に住んでいる人々の遺伝的多様性が最も大きく、アフリカ以外に住んでいる人々は、その大きな多様性の一部だ、ということを意味する。

さらに、キャン達は「絶滅生物のＤＮＡを追う」で話した分子時計を使って、その二つの枝が分かれる分岐点の年代を計算した。五大陸のヒトmtＤＮＡの系統樹での二つの枝に含まれる各個体の変異の数を数える。分子時計を使えば、これらの数から二つの枝が分岐した年代を計算できる。計算した結果、一四〜二九万年前に分岐したという値が得られた。つまり、五大陸のヒトmtＤＮＡの共通祖先は、一四〜二九万年前に存在していたことが分かった。しかも、おそらくその共通祖先はアフリカ大陸にいた可能性が高いことが、系統樹は示していた。

細胞内器官であるミトコンドリアは卵子にも精子にも存在する。しかし、多くの哺乳類で、卵子の中のミトコンドリアだけが受精卵に受け継がれ、精子のミトコンドリアは排除される。なので、mtＤＮＡは女性の系統だけに遺伝する、と前にも話した。なので、ここで話している一四万〜二九万年前に存在していた現生人類の共通祖先は女性である。このアフリカにいた一人の女性は、旧約聖書に登場する「イヴ」になぞらえられた。「ミトコンドリア・イヴ」の誕生である。

欧米社会にショックを与える

一九八七年一月一日付け出版の、元旦発売の新春号のようなおめでたい *Nature* 誌にキャン、ストーンキング、ウイルソンのこの論文が掲載されると、「ミトコンドリア・イヴ」はセンセーショナルな発見と

図11　『Newsweek』1988年１月11日号

して扱われた。雑誌『NEWSWEEK』の表紙を飾ったアダムとイヴは、アフリカ系の男女として描かれていた（図11）。伝統的なユダヤ・キリスト教世界の宗教画では、アダムとイヴは当然のようにヨーロッパ系の人々に似せて描かれていたことは周知のとおりである。

ウイルソンらの議論は慎重であったし、ホモ・サピエンスの起源についてのＤＮＡからの初めてのアプローチでもあったので、それは科学の世界でもいきなり受け入れられたわけではなく、「イヴ仮説」と呼ばれた。あくまで仮説が提唱された、という受け止められ方だった。

ホモ・エレクトスもアフリカ大陸で誕生し、ユーラシア大陸へ拡散したと考えられているので、現生人類の共通祖先がアフリカ大陸にいたという結果だけでは、アフリカ単一起源説が正しいか、多地域連続進化説が正しいかは分からない。しかし、分子時計を使ってはじき出された分岐年代は前者を支持していた。全世界の現生人類のmtＤＮＡの共通祖先が一四〜二九万年前に存在したという数値は、多地域連続進化説ではあり得ない数値だ。

もし、多地域連続進化説が正しければ、一〇〇～二〇〇万年前くらいのオーダーで現生人類の共通祖先が存在していなければならない。一四万～二九万年前という分岐年代の値は、確かにアフリカ単一起源説を支持していた。

　分子進化遺伝学の教科書には「ふつう遺伝子の分岐時期の方が集団の分岐時期より古い」と書いてある。詳しい説明は省くが、これは直感的に受け入れやすいだろう。mtDNAの共通祖先が一四～二九万年前に存在した、という計算値から、現在世界中に広がっているサピエンスの共通祖先は、それより少し新しい年代、一〇～二〇万年前に存在したと、上記の教科書的な論法により考えられた。

　後年、カリフォルニア大学バークレー校のティモシー・D・ホワイトや東京大学の諏訪元ら化石人類学の研究グループが、エチオピアでやや古い特徴を持つホモ・サピエンスの化石（ヘルト人と呼ばれている）、おそらく現生人類の共通祖先として最ももっともらしい化石を発見した。その年代測定が約一六万年前であるという結果をもって、この年代との整合性をみた。

批判された「イヴ仮説」

繰り返しになるが、結果はもっともらしいものであったけれど、当時「イヴ仮説」は、まだ仮説だった。多地域連続進化説を正しいと考える研究者達からは、当然、猛烈な攻撃を受けたが、それ以上に、同業者である分子進化学者から批判を受けていた。

まず第一に、制限酵素をつかった解析（ＲＦＬＰ）に基づいていて、ＤＮＡの塩基配列（Ａ、Ｃ、Ｇ、Ｔという文字列）を読んだものではない点が批判された。また、系統樹を作成する際に使われた方法が問題視された。

この論文では、最大節約法という系統樹作成法が採用されていた。科学の一般的な考え方として「説明が少ない（節約的な）ほど真理に近い」というセオリーがある。最大節約法とは、ＤＮＡのデータから最も節約的につなぎ合わせた樹形を選ぶ系統樹作成法、ということであるが、時として「最も節約的につなぎ合わせた樹形」が複数存在する場合がある。mtＤＮＡでも実は複数あった。そして、そのうちの一つは、現生人類がアジア起源に見えるものであった。

さらにもう一つ。分岐年代の計算につかった分子時計は正しいのか？　という批判だった。分子時計が正しい場合、進化速度一定が仮定でき、分岐年代を推定できるのだけれど、進化速度一定は、あくまで仮定でしかない。一定では無い場合、一〇万年という数値が出るかわりに一〇〇万年という数値が出るかもしれない。

ＲＦＬＰは法医学で使われるような、ヒト種内の違いを見るのに適した分析法だ。逆に言えば、ヒトとチンパンジーといった種間ではあまり有効ではない。一九八七年の論文で使われた分子時計は、ヒト種内での分岐、たとえばオーストラリア先住民は四万年前に分岐した、など、古い人骨の年代測定値を頼りに塩基置換率を推定したものだった。しかし、ヒトに一番近い現生生物であるチンパンジーで使えないRFLPでは、それが適切な尺度かどうか不明だったのだ。

Dループを読んで巻き返す

アラン・C・ウイルソンは、すぐに次の手を打った。mtDNAの複製起点の周辺、通称Dループは変異率が高い。つまり多様性が高く、個人差を見るのに都合が良い。ということは、近縁なヒト集団間の違いを見るのにも都合が良い。さらに良いことは、DNAの塩基配列を読んで比較するのであれば、ヒトとチンパンジーを比較できる。つまりRFLPではできなかった種間比較ができる。

ウイルソンのグループは、前回よりもアフリカ大陸の人々の数を増やし、全部で一八九人について、今度は制限酵素による分析ではなく、mtDNAのDループ領域の塩基配列を読んだ。得られた一一二二文字を使い、前回同様、最大節約法で系統樹を描いた。ただし、今回はチンパンジー（コモン・チンパンジーと呼ばれる種）をアウト・グループ（外群）として入れた。外群を入れることで「最も節約的につなぎ合わせた樹形」は安定する。そして、前回同様、系統樹はアフリカ大陸に住む人々のみを含む枝と、アフリカ大陸以外の大陸に住む人々も含む枝に分かれた。

今回は、塩基置換率もチンパンジーのmtＤＮＡの塩基配列を使って計算された。つまり、より説得力をもつ分子時計を使うことができた。その結果、現生人類のmtＤＮＡの共通祖先は、約二〇万年前にアフリカ大陸にいたことが示された。この二つめの論文は、最初の論文から四年後の一九九一年、*Science* 誌に発表された。

それでも批判された

しかし、それでもまだ「イヴ仮説」は仮説でしかなかった。私が大学院に入ったのは一九九二年であるが、当時の私も「アフリカ単一起源はかなり有力だ」と教わったが「真相はまだ分からない」と先生達は口々に話していた。その確信が持てない理由については、それぞれの研究者によって異なっていたけれど、私の周囲では「ミトコンドリアＤＮＡは一つの遺伝子座に過ぎない」という批判がメインであった。

一つの遺伝子座、とはどういう意味か？　一九九二年当時、まだヒトゲノム解読計画は途中で、ヒトゲノムを構成するＤＮＡが何文字で構成されていて、その中にいくつ遺伝子があるか、正確には分かっていなかった。ヒトでは約一〇万種のタンパク質が知られていたので、一つのタンパク質を作る情報が一つの遺伝子に刻まれているという考えにもとづくと、ヒトゲノム中には一〇万個の遺伝子があるはずだ、と、とりあえず考えられていた。二〇〇一年にヒトゲノムの全塩基配列の草稿（通称ドラフト配列）が発表された時点で数えられた遺伝子数は、なんと二万数千個であった。つまり、予想の四〜五分の一の遺伝子数しかコードされていなかった。

一遺伝子座とは、その二万数千個のうちの任意の一つを指す用語だ。「遺伝子座」は「locus（ローカス）」の訳語で、複数形は「loci（ローサイ）」である。これら二万数千ローサイは細胞核の中のＤＮＡに刻まれているが、mtＤＮＡはミトコンドリアという細胞内器官に存在する独立した環状ゲノムなので、これ一つで一遺伝子座（一ローカス）と数える。

そもそもの話、ひとつひとつの遺伝子座は、それぞれ独立した歴史を持っている。たび たび説明するように、核ゲノムは二倍体（ディプロイド）なので、生殖細胞（卵子や精子）が作られるたびにシャッフリング（組み換え）が起こる。したがって、親から子へ、子から孫へと遺伝子は伝わっていくが、ひとつひとつの遺伝子座に着目して追跡していくと、一つの系統ではなく、いくつもの系統を転々と渡り歩くようなイメージになる。

種とか集団を考えるとき、その種や集団を何らかの特徴で分類し、ホモ・エレクトスとかホモ・サピエンスとか、分類名を付けて呼ぶ。しかし、細胞核の中にあるＤＮＡに刻まれたひとつひとつの遺伝子座は、転々と色々な系統を渡り歩くので、Ａという遺伝子座（Ａローカス）とＢという遺伝子座（Ｂローカス）では、異なる歴史を持つことになる。ので、Ａという遺伝子座だけを見て、ある特定の種や集団の歴史を語ることは、そもそも禁じ手なのだ。そもそもそれは「Aローカスの歴史を、仮にある生物種の歴史と考えた場合」の話をしているに過ぎない。より正確に種や集団の歴史を見るためには、できるだけ多くの遺伝子座（ローサイ）をみる必要がある。

教科書的には少なくとも一〇〇ローサイくらい調べるのが好ましいとされている。そして究極的にはゲノム全体で種や集団の歴史を見ることが最も望ましいわけであるが、当時一九九〇年代の初頭の段階で、それは夢物語であった。

せめて一〇〇個の遺伝子座（一〇〇ローサイ）を見なさい、と分子進化遺伝学の教科書に書いてあるにも関わらず、「イヴ仮説」はたった一遺伝子座（一ローカス）での議論だった。こうしたそもそもの問題点は、解決されていなかった。

いつだったか、サピエンスの起源に関する論争の主役達が東京大学本郷キャンパスに集まってシンポジウムが開かれたことがあった。ウイルソンのグループのレベッカ・キャンや多地域連続進化説の強力な支持者であるミルフォード・ウオルポフなど、そうそうたる研究者達が講演者として来日した。当時大学院生だった私も聴衆として参加したが、シンポジウムの議論では、どちらかと言えばキャンが劣勢で、ウオルポフが会場を圧倒した印象だった。

「イヴ仮説」自体が劣勢だったというよりは、一九九一年にウイルソンが急逝することで、リーダーを失ったことが大きかったかもしれない。また、人類学の立場から見ても「イヴ仮説」は、ネアンデルタール人（旧人）と現生人類（新人）の関係を、どう説明すればよいか答えていなかった。

決定打が放たれた

早すぎた発見

ネアンデルタール人の発見は一九世紀末にさかのぼる。ネアンデルタールの「タール」がドイツ語で「渓谷」の意であり、ネアンデルタールがネアンデル渓谷の意であることはよく知られているが、「ネアンデル」は一七世紀に実在したある音楽家の名前にちなんでいることは、あまり知られていない。

東独の街・ライプチヒにあるトーマス教会のオルガン奏者であったヨハン・セバシチャン・バッハより一世代前の音楽家・ヨアヒム・ネアンデルは、西独の街・デュッセルドルフにあるセント・マルチン教会でオルガンを演奏していた。ヨアヒム・ネアンデルは洗礼名で、本名はヨアヒム・ノイマンといった。「ノイマン（Neumann）」は「新しい人」を意味するドイツ語で、同じ意味のギリシャ語「ネアンデル」を洗礼名としてもちいた。彼の音楽を愛した地元の人々は、デュッセル川のこの渓谷をネアンデル渓谷（Neander Thal）と呼んだそうだ。

一八五六年、「新しい人の谷」の石灰岩の洞窟で、石灰岩を切り出していた作業員が見つけたクマの骨を地元の博物学者に見せたところ、その博物学者は、それが洞窟グマの骨ではなく、人骨だと気付いた。この博物学者は、知り合いの解剖学者にこの人骨化石を見せ、その解剖学者はそれを「未開な野蛮人の骨」と結論づけた。さらにこの解剖学者が、チャールズ・ダーウインの弟子であるトーマス・ハックスリーに化石標本を託したところ、ハックスリーはこの骨を「絶滅したヒトの一種」と認識した。一八六三年のことであった。ダーウインの「種の起源」の初版刊行が一八五九年一一月であったことを考えると、この発見は早すぎた発見だったのかも知れない。当時まだ生物進化という概念は定着していなかった。

一八～一九世紀のヨーロッパでは、洞窟や崖の地層に見たことがない生物が石に姿を変えて見つかることを、民間人も知っていた。しかし、それは聖書の中に登場する神による天地創造の結果であり、なにも聖書と矛盾は無いと信じられていた。学者の間では、なんとなく「生物は変化するのだ」という認識は共有されていたものの、その説明は、ジャンバティスト・ラマルクやチャールズ・ダーウインが手がけるまで、ほとんどなされていいなかった。

ネアンデル渓谷での発見があった一九世紀半ばから現在までに、ネアンデルタール人の特徴をもった化石（だいたい五〇万年前から三万年前に相当する）は、ヨーロッパから西アジアにかけて多数発見されている。正確な数字を私は知らないが、少なくとも二〇〇体はあると聞いている。標本がたくさんあるので、化石人類の中では、解剖学的にかなりよく研究が進んでいる人類の一つだ。何度も言うように「猿人、原人、旧人、新人」という言い方では、旧人にあたる。

余談だが、日本では一般にネアンデルタール人、（Neanderthal man）のように「人」を付けて呼ぶことが多いが、研究者達は欧米の研究者風に、単にネアンデルタール（Neanderthal）と呼び「人」を付けないこともよくある。本稿では、この点、あまり厳密にしないが、ざっくりと、クロマニョン人と対比する場合はネアンデルタール人とし、サピエンスと対比する場合はネアンデルタールとしている。

姿を消した隣人

ネアンデルタール人の形態的特徴については、他に優れた一般書が多くあるし、私は化石の専門家ではないので本書では詳しくは書かないが、現生人類の骨格標本と並んでネアンデルタール人の骨が展示されていたら、素人でもその違いを一目で認識できる。そういうレベルで両者は違っている。かといって、「これら二つの標本、別々の種だと思いますか？」という質問をされたら、十人中十人がかなり困った挙げ句、そのときの気分で「別種だ」とか「同種だ」と発言するのではないかと思う。つまり、かなり微妙な感じである。とりあえずサピエンスに比べてネアンデルタールはごっつい。ごっつくて、ズングリムックリした印象だ。

前にも述べたように、サピエンスとネアンデルタールは四〜五万年前のヨーロッパの広い地域で、また西アジアのレバント地方でも五〜一〇万年前に、両者の遺跡が見つかる。そして、ネアンデルタールは西アジアでは約五万年前、ヨーロッパでは約三万年前を境に忽然と姿を消したのだった。

ネアンデルタールmtＤＮＡ断片の解読

一九九七年三月に古代ＤＮＡの研究で博士号を取得し一人前になったつもりでいた私は、この年の七月に *Cell* 誌に掲載された論文『ネアンデルタールＤＮＡ配列と現代人の起源（原題はNeanderthal DNA sequence and the Origin of Modern Humans）』の出版に衝撃を受けた。ついに、ネアンデルタール人のＤＮＡが彼らの骨から取り出され、そこに書かれていた文字配列が明らかにされたのだ。手がけたのは、当時ミュンヘン大学にいたスヴァンテ・ペーボとペンシルヴァニア州立大学にいたマーク・ストーンキング、二つの研究グループの混合チームだった。

図12　アムッド１号人骨（Suzuki et al. 1970）

　この論文が出る少し前、植田信太郎と私は諏訪元にたのんで東京大学総合研究博物館に保管されているアムッド一号の大臼歯をもらいDNA分析にチャレンジしていた。アムッド一号は人類学者・鈴木尚を団長とした調査隊が一九六一年に、イスラエル北部にあるアムッド洞窟から発掘したネアンデルタール人の全身骨格である（図12）。

　ネアンデルタール人の脳容量は約一二〇〇～一七五〇cc（平均約一五〇〇cc）とその平均値は現生人類のそれよりも大きい。アムッド一号の推定脳容量は一七四〇ccで、ネアンデルタールの中でも最大級だ。頭骨が前後に長い。しかし、上下に短い。など、アムッド一号は典型的なネアンデルタール人の形態的特徴を持っていた。一方、眉の部分の出っ張り（眼窩上隆起という）が、典型的なネアンデルタールでは発達しているのに対し、アムッド一号は控え目で、現生人類に近い印象を与えるものであった。

この骨格標本からDNAを抽出できれば、世界に先んじて「ヒトの起源」に関する決定的なデータを得ることができる。私たちはワクワクしながら、この分析に取り組んだ。しかし、DNAは取れなかった。私たちが選んだ臼歯にはDNAが残っていなかったのだ。私たちはガッカリしたが、仕方が無かった。むしろ、コンタミネーションを起こし、間違った結果を得て、その分析に無駄な時間を費やすことがなかったことを幸運と思うこととした。

当時、世界中のこの分野の研究者が、ネアンデルタールDNAの獲得を目論んでいた。首尾良くネアンデルタールDNAを得た者が、この分野のトップに躍り出ることは間違いなかった。それを成したのは、エジプトのミイラからのDNA抽出で世に名前が知られたものの、それがコンタミネーションと発覚し、端から見るとスランプに見えたスヴァンテ・ペーボと、相変わらず批判にさらされていた「イヴ仮説」の二つの論文の著者であるマーク・ストーンキングだった。

私が、彼らの論文『ネアンデルタールDNA配列と現生人類の起源』に衝撃を受けたのは、まず第一にその結論で「ネアンデルタールは絶滅し、そのmtDNAは現生人類に受け継がれていない」とされていたことだった。この結論は、イヴ仮説が正しかった極めて強い証拠だった。

一四〇年前にネアンデル渓谷で発見された人骨の一つが分析の対象となった。mtＤＮＡのＤループ領域は、変異率が高いため、個人差が大きいことは既に述べた。このＤループの真ん中あたりにミトコンドリア環状ゲノムの複製起点（Ori）というものがある。環状ゲノムが複製をはじめる場所だ。このOriからＤＮＡの文字に番号がついていて、数字が大きい方のＤループをＨＶⅠ（超可変領域Ⅰ：hyper-variable region I）と呼び、数字が小さい方をＨＶⅡと呼ぶ。

イヴ仮説は証明された

ペーボの研究室の大学院生だったマティアス・クリングスは、現生人類でも多くの個体について調べられていたＨＶⅠ領域（約三六〇文字）を読んだ。そして、このネアンデルタールＨＶⅠ領域の三六〇文字を、地球上の様々な地域に現在住んでいる九八六人のホモ・サピエンスおよび一六個体のチンパンジーの同領域とともに比較し、系統樹を作成した。すると、先の二つのイヴ仮説の論文と同じように、アフリカ大陸の人々のみを含む枝の塊（クラスター）とアフリカ以外の地域の人々も含む枝に分かれた。さらにその外側にネアンデルタールの枝が現れた。もちろん、その外側にチンパンジーが来た。系統樹は当然のようにmtＤＮＡのアフリカ起源を示し、現生人類のmtＤＮＡのバリエーションの外側にネアンデルタールは位置していた（図13）。

よりシンプルな分析でも結果は同じだった。約三六〇文字の配列を互いに比較した場合、現生人類の間では平均八文字違っていた。お互いに最も多くの文字が違っている人どうしでも、二〇文字違っている組み合わせは皆無だった。一方、ネアンデルタールと現生人類の間で比較した場合、平均二七文字違っていた。調べた現生人類の中で、一番このネアンデルタール個体と近い配列をもっている人でも、二〇文字違っていた。つまり、系統樹での解析と同じように、ネアンデルタールのmtDNAは現生人類のmtDNAのバリエーションの外側に位置していた。

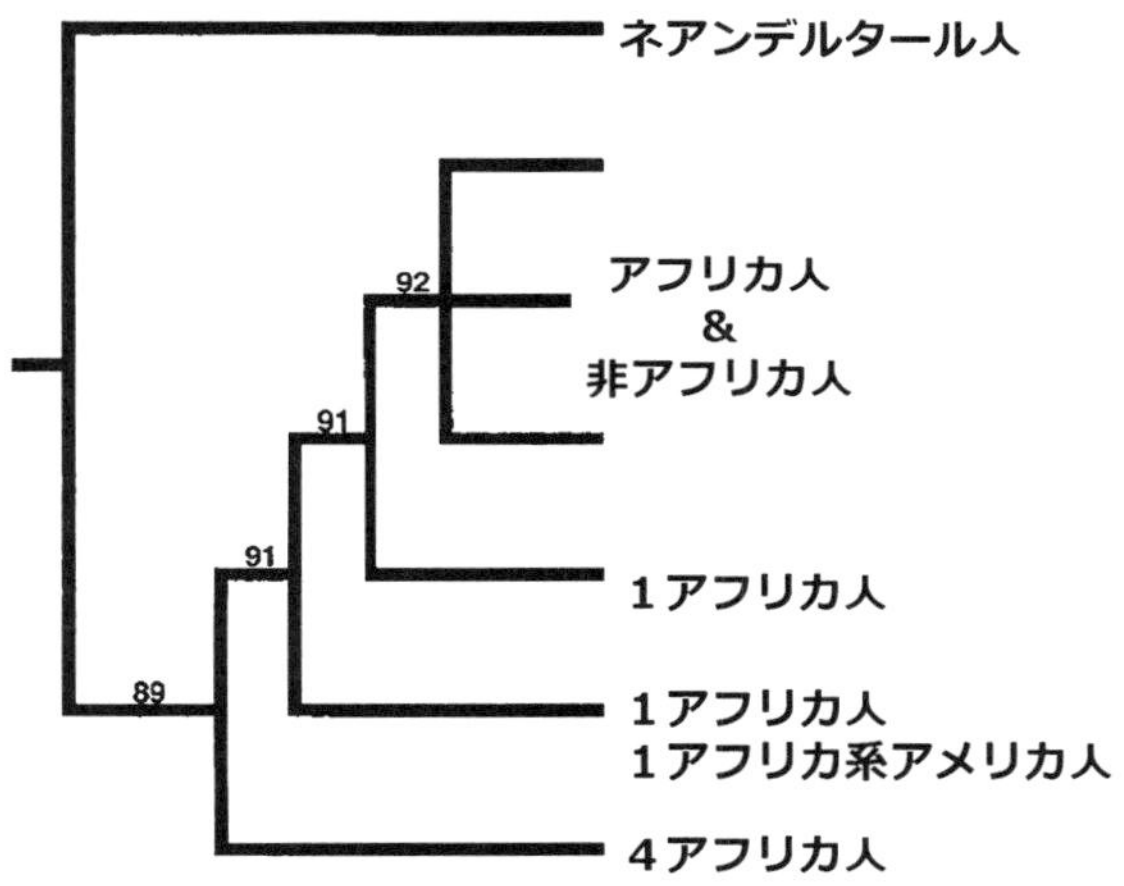

図13　「イヴ仮説」を証明した系統樹（Krings et al.〔1997〕による）
枝の上の数字はブートストラップ値。統計学的な確からしさをあらわしている。例えば「89」はこの枝が89％の確率で選ばれることを意味する。

　これらの結果が意味することは、いま地球上に住んでいるサピエンスにネアンデルタールのmtDNAは受け継がれなかったということだ。ネアンデルタールmtDNAの系統は、途絶えたのである。つまり、ネアンデルタールの絶滅を示唆するものだった。約四万年前まで共存した両者のうち、ネアンデルタールは絶滅し、サピエンスだけ生き残った、というシナリオが描かれた。イヴ仮説は正しかった。もちろんmtDNAは一座位で、まだ一ローカスしか見ていないという問題はあった。それでもアフリカ単一起源説を支持する圧倒的な証拠が示された。

ただ、私がこの論文に衝撃を受けたのは、この結論だけではなかった。というか、この結論にはそれほど意外性はなかった。予想通りの証拠が示されたものであり、ああ、やっぱりイヴ仮説は正しかったのね、と納得するものだった。が、私が衝撃を受けたのは、結論よりむしろ、その分析方法だった。

もう一つの衝撃

前章で述べたように、古い生物遺物に残存するDNA、古代DNAは長い年月を経て断片化し、分子の数も減っている。だいたい長くて一五〇文字くらいまで、平均すると七五文字程度にまで断片化している。非常に短く、かつ数も少ないDNA断片だ。一九九〇年代後半、当時の技術でこれを解読するにはPCR法で増幅するしかなかった。

これも前にも述べたがPCR法は二つのプライマーと呼ばれる人工的に合成した二〇文字前後のDNAを「検索ワード」に入れて、調べようとする文字配列を読む。しかし、当時の私たちはネアンデルタールmtDNAの配列を知らないので、ネアンデルタールに特異的な検索ワードを作ることができない。そこでまず、サピエンスmtDNAの配列を元に

「検索ワード」、つまりプライマーを設計する。偶然そのプライマー配列がネアンデルタールの配列と似ていれば、ネアンデルタールmtDNA断片をPCR増幅できる。

その結果として、得られた短い配列がサピエンスの配列と違っていたら、小躍りしてネアンデルタールのものとして発表してしまいそうなものだ。しかし、スヴァンテたちは、そうしなかった。「恐竜DNA」のときのように、増幅されたものは核ゲノムに潜り込んだmtDNAの一部、ニューマイトかもしれない。あるいは、現代人（実験をしている人など）から混入したDNA、コンタミネーションかもしれない。そこで彼らは、PCR増幅できた配列の外側に（もちろんサピエンスの配列をもとにして）別のプライマーを設計し、PCR増幅し、読む。このように異なる複数のプライマーで同じ場所をPCR増幅し、確からしい配列を読み進めていった。

この方法は、DNA配列が未知の生物のDNA配列解読について、当時一般的にもちいられていたプライマー・ウオーキングという方法に似ていた。しかし、違っていたのは、スヴァンテ達は、このPCR産物をわざわざ「分子クローニング」してから読む方法を採ったことだった。

分子クローニングとは、プラスミドやウイルスなど「ベクター」と呼ばれるものに、分析したいDNAを挿入し、そのベクターごとバクテリア（普通は大腸菌）の中で増幅する方法だ。クアッガのmtDNAを分析した際に採られた方法も、分子クローニングであったことは、前章で述べた通りだ。

分子生物学において分子クローニングはPCR法が登場する以前から汎用されてきた一般的な手法である。が、普通、DNAの配列を読む（シークエンスする）場合、PCR産物をベクターに入れてクローニングしてから読むことはしない。PCR産物を直接シークエンスするのが普通である。PCR産物をクローニングしてからシークエンスすると、DNA合成酵素による連鎖反応の際に起こるエラーを拾ってしまうから、普通は「やらない方が良い」こととされている。

しかし、スヴァンテたちは、これを敢えてやった。それは「エラーも含めてPCR反応で起こったことを全部見るために」やったのだ。その増幅産物には、現代人から混入したDNAから増幅されたものも含まれるかもしれない。エラーやコンタミネーションも含めて全部見せる、ということをやったのである。

未来への布石

古代DNA分析にとって、コンタミネーションほど厄介なものはなく、古代DNA研究の現場にいた私たちは常にコンタミネーションを防止することに細心の注意を払っていたし、分析のひとつひとつのステップで、「コンタミネーションがない証拠」を神経質なほど示し続けていた。ところが、この論文は、そうした常識をひっくり返していた。

この論文の中では、エラーやコンタミネーションっぽいものを積極的に論文の中で紹介していたのだ。つまり「これらは、間違いとか、コンタミとかかもしれませんよ」と言いつつ、積極的にそれを公表したのだ。そしてクローニングからのシークエンスによりオーバーラップして検出された複数の配列からエラーやコンタミネーションと疑われる配列を除外し、蓋然性が高い配列をつなぎ合わせるようなやり方で、ネアンデルタールmtＤＮＡＨＶⅠ領域の約三六〇文字を読んだのだった。

実は、このＰＣＲ産物をクローニングしてシークエンスし、そのシークエンスを全て見せる、というやり方は、スヴァンテ達は、既に別の論文で行っており、ネアンデルタールmtＤＮＡで初めて採用したわけではなかった。既に出版された論文の中で使っている方法は、すでにオーソライズされた方法ということになる。

一九八五年にエジプトのミイラのＤＮＡで有名になったスヴァンテ・ペーボは、その後も古代ＤＮＡ分析の分野で、最も名を知られた人物であったが、何度もいうのは申し訳無いが、当時は華やかな成果に乏しい印象だった。古代ＤＮＡの分析法に特化した論文や、古代ＤＮＡの物性に関するマニアックな論文が多かったからだ。ところが、この一九九七年の論文で、その印象が一変した。マニアックな論文の多くは、この論文の結果をオーソライズするために書かれた布石であったことに多くの同業者が気付かされたからだった。

そして（今思えば）この論文から約一〇年後に発表されたネアンデルタールの細胞核に含まれるＤＮＡ（ゲノム）を次世代シークエンサという当時の最新技術を使って解読した際、このネアンデルタールmtＤＮＡ配列決定の方法は、まさに布石となった。

ゲノムの時代

ヒトゲノム解読計画

本書ではＤＮＡ（デオキシリボ核酸）の「文字配列」と呼んできたが、正確には「塩基配列」という。「ＤＮＡ配列」という言い方もしないことはないが、厳密には正しくない。遺伝暗号を構成する塩基（Ａ：アデニン、Ｃ：シトシン、Ｇ：グアニン、Ｔ：チミン）の並び順（配列）なので、「ＤＮＡの配列」ではなく「塩基の配列」なのだ。その塩基配列を読むことを、これまでにも本書で出てきた言葉だが「シークエンス（sequence）」という。

ケンブリッジ大学のジェームス・ワトソンとフランシス・クリックがＤＮＡの二重らせん構造を明らかにし、論文「デオキシリボ核酸の構造の遺伝的意味／Genetical implications of the structure of deoxyribonucleic acid」を *Nature* 誌に発表したのは、一九五三年五月のこ

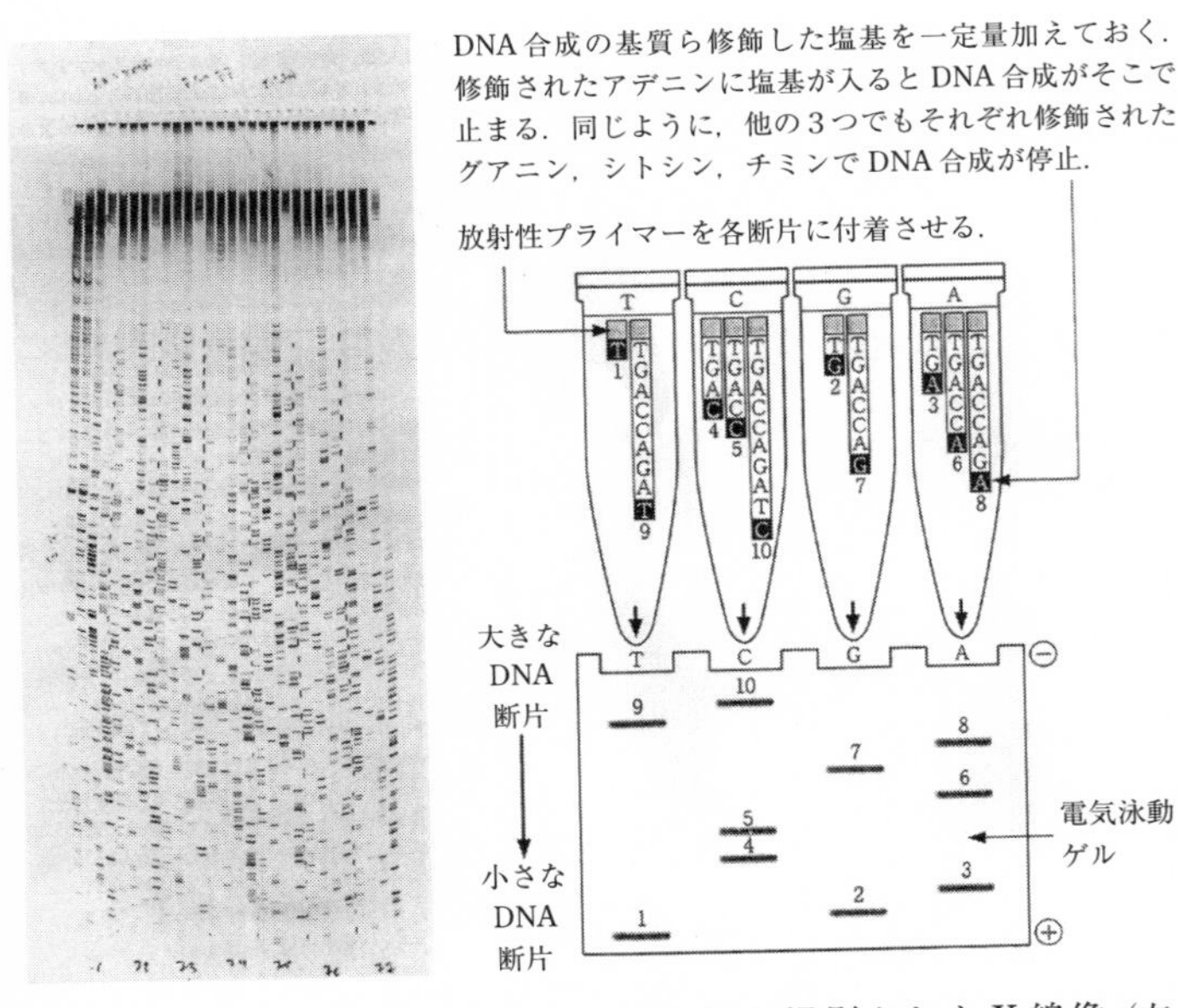

図14　サンガー法の原理（右：本庶 2013）と撮影されたX線像（左：Micklos 2010）

とだった。しかし、当時はまだDNAシークエンスの技術は確立していなかった。

その後、いくつかのシークエンス技術が考案されてきたが、最初に普及したシークエンス法はジデオキシ法だった。一九七七年にケンブリッジ大学のフレデリック・サンガーが開発したシークエンス法で、サンガー法とも呼ばれている（図14）。

DNAは遺伝情報を載せた物質であり、その文字配列、塩基配列は遺伝情報そのものである。したがって、ある生物の全DNAをシークエンスするということとは、言うまでもなく、その生物の遺伝情報の全て――これをゲノム情報という――を読むということだ。

「シークエンスができる！」となれば、私たちがまず読んでみたくなるのは、私たち自身のゲノム情報だろう。もしかしたら、飼っている犬のゲノムの方が惹かれるという人もいるかもしれないが、より一般的に考えたら、ヒトのゲノムが関心の中心になるはずだ。サンガー法が開発された頃から、研究者たちはヒトゲノムの解読を妄想するようになった。しかし、当初は雲をつかむような話であった。そもそもヒトゲノムが何文字で構成された文字列であるか、誰も知らなかった。

また、初期のサンガー法シークエンスは、全て手動であった。当時はゲル板といって、横三五㌢縦八〇㌢くらいの二枚のガラス板に数ミリのプラスチックの枠をはさみ、これにアクリルアミドゲルというゲルを流し込んだものを使用した。液状だったゲルはガラス板の間で固まってゲル板になる。ガラス板の両端に一定の塩濃度の緩衝溶液をセットし、これにジデオキシ法（サンガー法）で化学反応したＤＮＡ試料を載せ、電流を流す。ＤＮＡはマイナスに帯電しているので、電子が動く方向へゲルの中を移動する。短い長さのＤＮＡほど速く進み、長いＤＮＡほどゆっくり進む。こうして、分子の篩（ふるい）のように、ＤＮＡのサイズによって、分離される。ゲル電気泳動という手法だ。

ＤＮＡ試料には放射性同位体が取り込ませてあるので、電気泳動を終えたゲルを乾燥させ、Ｘフィルムに感光させて、現像液で現像すると、ＤＮＡのバーコードのようなものが浮かび上がる。このバーコードを読むことが、すなわち塩基配列を読むことになる。二枚で一組のガラス板を使って泳動する一回の実験（数時間かかる）で読むことができる文字は一試料あたり、せいぜい数百文字であった。たった数百文字である。いまでこそヒトゲノムの塩基配列は約三〇億文字と分かっているけれど、ヒトゲノム全体の文字数が分からない当時、読み始めるのは良いけれど、いつ終わるか分からない、という代物だった。

シークエンス技術の発達

ところが、一九八〇年に東京大学の和田昭允が自動塩基配列決定装置（シークエンサー）を考案し、状況が好転した。原理的にはサンガー法でゲル板を使う点では変わらないが、和田は手動ではなく機械化したのだ。資金を調達し、たくさんの機械を並べて解読を進めれば、ゴールはより現実的なものとなる。そんな機運から一九八六年頃から、世界各国でヒトゲノム計画が始動した。最初、ＤＮＡの二重らせん構造を発見したジェームス・ワトソンをリーダーとする研究者の国際チームがヒトゲノム計画を進めた。が、その終盤（一九九〇年代末）からクレイグ・ベンター率いるベンチャー企業がヒトゲノム解読に参入した。これにより、研究者の国際チームとベンチャー企業との間での競争が生じ、その競争の中、ヒトゲノム解読は進行していった。

私が大学院生だった一九九二〜一九九七年頃、まだヒトゲノム計画は、いつ完了するのか、見通しがついていなかった。私の周囲にもヒトゲノム解読に対して悲観的な研究者も多かった。

私自身は一九九四年頃までは、自動シークエンサーではなく、手動のゲル板を使って放射性同位体をもちいたサンガー法シークエンスをしていた。その後、一九九五年頃から、放射性同位体の代わりに蛍光物質を使うApplied Biosystem社（ＡＢＩ）の自動シークエンサーを使い始めた。

そんな中、一九九八年に日立製作所の神原秀記がキャピラリー型シークエンサーを開発し、また一歩、事態は大きく前進した。ここでいうキャピラリーとは、ごく細いガラスの管である。この極細ガラス管にゲルを充填する。これがゲル板の代わりとなる。

ゲル板一枚に載せることができるＤＮＡ試料の数は、自動シークエンサーが主流になった時代になっても、最大で九六試料だった。私はこのタイプの自動シークエンサーに九六試料を失敗せずに載せることができる自分のテクニックを得意に思っていたが、そんなテクニックはアッという間に用無しとなった。キャピラリー型の場合、三八四本のキャピラリーも束にすることができる。キャピラリー型シークエンサーの普及は、ヒトゲノム解読を飛躍的に前進させた。

解読完了宣言

そして二〇〇一年、ワトソンをリーダーとする研究者の国際チームが*Nature*誌に、ベンター率いるグループが*Science*誌に、それぞれヒトゲノム解読のドラフト配列を発表した。

ドラフト配列のドラフトとは「草稿」の意味で「ひと通りゲノムの文字配列を読みました」というニュアンスだ。少なくとも一回読みました。平均しても二回は、まだ読んでいません。という程度に読んだ。読んでみたら、文字の数は約三〇億であった。その約三〇億文字を一回読んだ結果を論文として発表したのだ。研究者の国際チームとベンターのセレラ・ジェノミクス社のウイン・ウインが仕組まれた結果だった。

さらに二〇〇三年、ヒトゲノム解読の完了が宣言され、二〇〇四年十月、その論文が*Nature*誌に発表された。ゲノムには、特徴的な配列とか物理的な配列の位置関係などによって、読みにくい領域がある。たとえば、同じ文字が続く領域とか、同じ文字列が繰り返し出てくる領域は、読みにくかったりする。そうした読みにくい領域も、なるべく読んで、しかもひと通りではなく、全体を平均で三〇回くらい読んだものが、完全ゲノム配列として世に出たのだ（読みにくい領域は、でも読み切っていなかったので、そういう意味では本当には「完全」ではなかった。最近、そういう読みにくい領域も読んだ、本当の意味での「完全ゲノム配列」が発表された）。

この完全ゲノム配列は「ヒト参照配列」と呼ばれている。これからこの配列をヒトの標準として使います、という意味だ。「ヒト参照配列」はいまでも少しずつ改訂されていて例えば二〇一九年三月一日リリースのものは〝GRCh38.p13〟という名前が付いている。

二〇〇四年の論文が掲載された号の news & views には「ヒトゲノム：ここからが始まりだ／Human genome: end of the beginning」というウインストン・チャーチルの演説から引用したタイトルの一文が掲載された。「これが終わりなのではない、始まりなのだ」という力強いメッセージであった。人類がホモ・サピエンスの設計文章を手に入れた瞬間だった。そして、この設計文章（ゲノム情報）の意味を皆で理解し、医学や生命科学のために、適切に利用していこうという、まさにスタート地点に私たちは立ったのだ、という宣言であった（表1）。

レクラム文庫

ライプチヒは、旧東ドイツ第二の大都市である。この街はリングと呼ばれる環状の道で囲まれていて、リングの内側が街の中心街となっている。とは言え、街の中心街の端から端まで最大でも一キロくらいだ。リングから放射状に道が外へ伸びていて、ライプチヒ市全体を構成している。

そのリングの東側、三ブロックほど外側をリングに並行して走るインゼル通りにレクラ

表1　ヒト全ゲノム解読完了までの略年表（榊2007の本文より作成）

年	事項
1996年	バミューダ会議（米、英、日、仏、独）でワトソン指導の下、科学者たちの国際チームによりヒトゲノム解読の原則が話し合われる 1）ヒトゲノム解読は、生命科学、医学全体のために貢献するものであり、個人の利益を求めるものではない 2）データは即時公開し、公的データベースに誰でも使えるかたちで提供する。データの利用には何の制約も加えない（特許権を主張しない）
1998年	クレイグ・ベンターが『セレラ・ジェノミクス社』設立 1）出されたデータは企業として特許をとる 2）お金を出したグループにだけ提供
1999年	日独（理化学研究所と慶應義塾大学）チームが22番染色体の解読終了を発表
2000年	ドラフト配列の解読終了のセレモニーをクリントン大統領とブレア首相の参加のもとおこなわれる
2001年	国際チームの論文がNature誌にベンターらの論文がScience誌に掲載
2003年	ヒトゲノム解読完了宣言

ム文庫の本社ビルがあった（図15）。岩波文庫がお手本としたといわれるレクラム文庫は、初のネアンデルタール人骨発見から一一年後の一八六七年創刊された。そのレクラム文庫創刊第一弾はゲーテの『ファウスト』であった。レクラム文庫は、多くの文学作品、哲学、自然科学など広範囲な分野をカバーし、当時高価だった本を廉価に提供する「文庫本」という形態の元祖となった。

ミュンヘン大学のスヴァンテ・ペーボが、マックスプランク協会がライプチヒに新たに設立したマックスプランク進化人類学研究所（Max Planck Institute for Evolutionary Anthropology: MPI-EVA）の中心メンバーの一人としてこの地に移った当初、ＭＰＩ-ＥＶＡ（エヴァ）は旧レクラム文庫本社ビルを改造した建物を使用していた。現在は、リングから南へ移転して、中心街から少し遠くなってしまったが、改造した旧レクラム文庫本社ビルにあったエヴァは中心街から歩いて一五分くらいの場所にあった。研究所組織は一九九八年からスタートしていたようだけれど、一九九九年一月頃から主要なメンバーが本格的にライプチヒに集まってきていた。ペンシルベニア州立大学にいたマーク・ストーンキングもグループリーダーとしてライプチヒへ移った。私は一九九九年四月からマーク・ストーンキングのグループの一員として（給与は日本学術振興会から海外特別研究員として出してもらっていたが）エヴァに加わった。

図15　旧レクラム文庫本社ビル（Photo by Dguendel）

旧レクラム文庫本社ビルは、中庭を取り囲むように建っていて、エヴァの進化遺伝学研究部門で働く研究員や学生達は、この中庭かインゼル通りに面した居室を与えられていた。居室は、大きなミーティングルームを取り囲むように配置されていて、ミーティングやセミナーの際には、居室から出るだけでそれに参加できた。

ドイツ人はイヌが好きである。エヴァの実験室は階下にあり、居室のある階とは隔てられていたので、イヌを飼っている研究員は、研究所にイヌを連れてきて、居室のある階では、二〜三頭のイヌが走り回っていた。ミーティングやセミナーをしている間にも、机の下で二匹のイヌがじゃれ合っていたりとか、イヌに対してとてもフレンドリーな環境だった。

進化遺伝学研究部門の長であるスヴァンテもχ（カイ）と名付けられた黒い大きなイヌを飼っていて、よく研究所に連れてきていた。カイはとても賢いイヌで、ときどき私の居室の扉を、クチを使って開けて、入ってきた。私とカイはコッソリ友達になった。

パイロシークエンシング

あるときエヴァにスエーデンのベンチャー企業の研究者が来て、新しいシークエンス技術を紹介するセミナーを行った。ヒトゲノム解読がまだ途上であった当時、ジデオキシ法（サンガー法）を原理とするシークエンシングがほぼ独占していた。サンガー法による一回のシークエンシングで読むことができる塩基数（文字数）は、先述のように、がんばっても約七〇〇文字程度であった。しかし、ヒトゲノム解読をスピードアップするためには、より長い配列を読むことができる技術の開発を多くの研究者達が望んでいた。なので、このときのセミナーでも、そういう技術が語られると期待された。が、紹介された新しい技術は私たちの望みを裏切るものであった。

「この技術で読むことができる塩基数は今のところ最長で三〇塩基です。」

パイロシークエンス法という名前だそうだ。しかし、いったい何のためにこんな技術を開発しているのだろう？　私の頭の中はクエスチョンマークでいっぱいであった。

原理はサンガー法とは異なる全く新しいものであった。DNAの塩基配列を読むというのは、先述のように四つの塩基、アデニン（A）、シトシン（C）、グアニン（G）、チミン（T）の並び順を読むことである。サンガー法もパイロシークエンス法も、DNA鎖をDNA合成酵素で伸長する。サンガー法では、DNA鎖の材料となるデオキシヌクレオチドを反応液に入れる（図14）。その反応液に、少量、伸長が止まってしまうジデオキシヌクレオチドを入れておく。ややこしいが「デオキシ」と「ジデオキシ」の違いである。本物が「デオキシ」、偽物が「ジデオキシ」だ。ここでは詳細な説明は省くが、DNA鎖の伸長反応の途中、偶然、偽物の材料である「ジデオキシヌクレオチド」が取り込まれると、そこで伸長が止まる。そうすると、反応液の中には、Aで伸長が止まったもの、Cで伸長が止まったもの、Gで伸長が止まったもの、Tで伸長が止まったものが、混ざって存在す

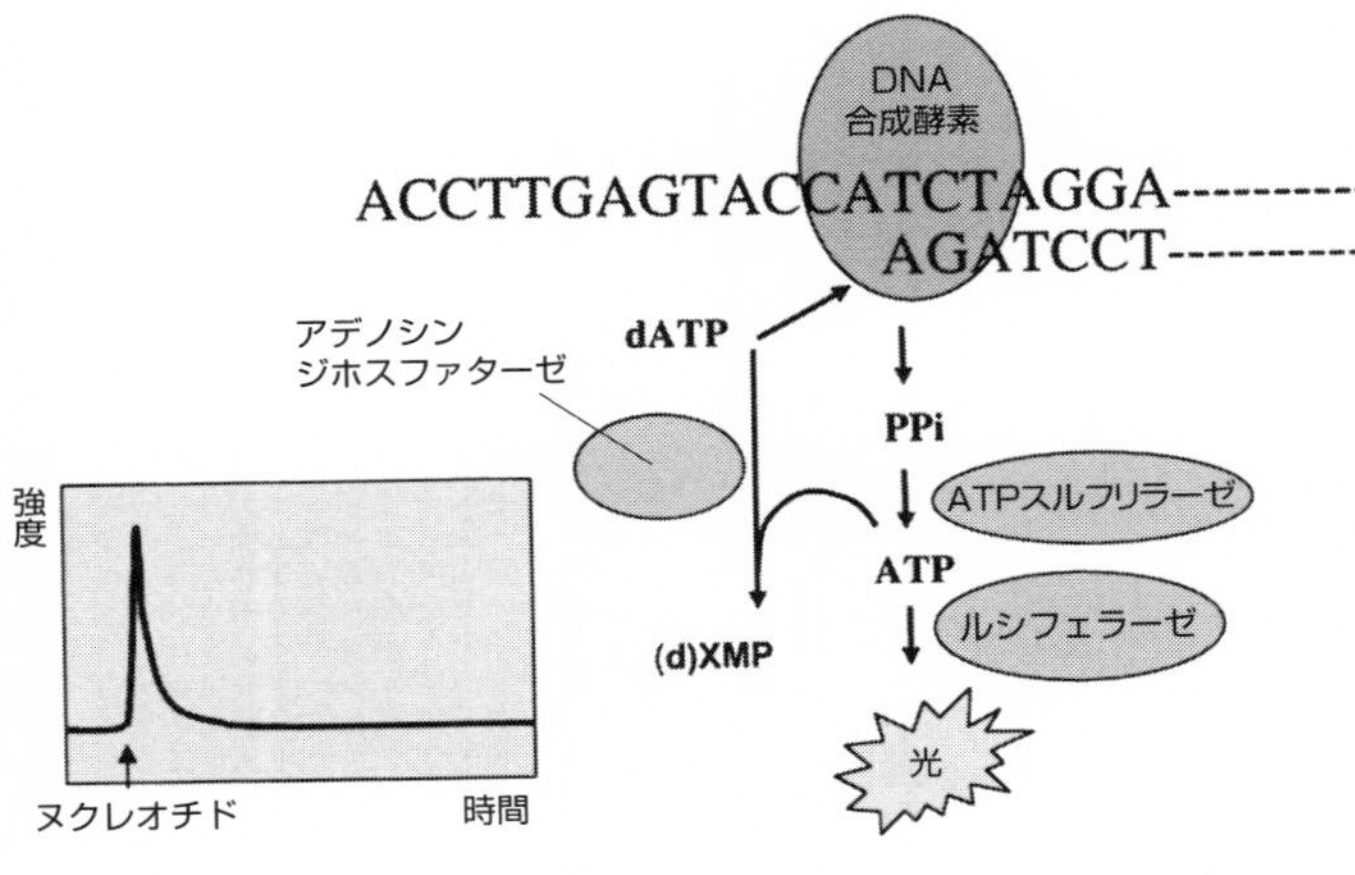

図16　パイロシークエンシング（Ronagi〔2001〕による）

ることになる。その伸長は、一〇文字目で止まったものもあれば、一〇〇文字目で止まったものもある。このサイズの違いをゲル電気泳動で分離するのがジデオキシ法（サンガー法）である。

ところが、パイロシークエンス法では、デオキシヌクレオチドしか使わない。DNA鎖を伸長する際、デオキシヌクレオチドが取り込まれると光を発する酵素反応が起こるようになっている。四つの塩基をもつデオキシヌクレオチドをそれぞれ一つずつ反応液に入れて行く。Aを入れて、発光しない。Cを入れて、発光しない。Gを入れて、発光しない。そしてTのデオキシヌクレオチドを入れたときに、発光すれば、その塩基はTである。そして次の塩基について同じことを繰り返す（図16）。ただし、この繰り返しは三〇回が限界だ、というのである。

いまでも私は、このときのセミナーで紹介されたこのパイロシークエンシングの技術を「パッとしない新技術」としか理解できなかった自分を恥じている。

次世代シークエンシング技術の発達

パイロシークエンシングは、その後、急速に発展する次世代シークエンシング（Next Generation Sequencing : NGS）技術の先駆けとなった。ヒトゲノム計画は（いつからスタートとするかにもよるが）だいたい一三年間くらいかかって完了した。かかった費用は一兆数百億円にのぼった。これに対し、いまなら一〇万円ほど払えば早くて一週間もかからずにヒトゲノム配列の全体を三〇回くらい読めてしまう。これを可能にしたのが、ＮＧＳ技術である。

必要だったのは「より長い配列を読むことができる技術」では無かった。「短い配列」を「膨大に読む技術」であった。

ゲノムシークエンシングをジグソー・パズルにたとえるなら、パズルを簡単にするにはひとつひとつのピースは大きい方が良い。四歳児用のジグソー・パズルより三歳児用のジグソー・パズルのピースの方が大きい。大きければ大きいほどより簡単に「元の絵」を完成できる。そう考えるのが普通である。

「ピースを大きくしろ！」

私を含め多くの研究者はそう考えていた。しかし、サンガー法でピースを大きくするには限界があった。パイロシークエンシングをはじめとするＮＧＳの基本的な発想は、ジグソー・パズルのピースを逆に小さくするものであった。小さなピースでも、自分の頭の中でパズルを組み立てるのではなく、コンピュータの中で組み立ててしまえば良い。

コンピュータなら大量の小さなピースからジグソー・パズルを完成させることも苦痛に思わない。ムーアの法則に従って、ヒトゲノム解読計画が完了に近づくころには、コンピュータのＣＰＵは、トランジスタ数にして十の七乗倍になっていた。しかも、二〇〇一年にヒトゲノムのドラフト配列が発表されて、ジグソーパズルの「元の絵」が明らかになっていた。

レオナルド・ダ・ヴィンチが描いた『モナリザ』のジグソー・パズルを想像してもらいたい。人間が認識できないレベルにまで小さく作られたピースでも、「元の絵」が分かっていれば、コンピュータは一瞬にして『モナリザ』を再現してしまうだろう。シークエンス技術のデータ解析技術が、コンピュータの得意とする分野に突入したのだ。

パイロシークエンシングの特許は、その後、アメリカの４５４ライフサイエンス社に買収され、エマルジョンＰＣＲという別の技術と組み合わされて、二〇万個のＤＮＡ断片を並列してシークエンシングするシステムが完成した。多くの研究者がこのシステムを「454」という愛称で呼んだ（図17）。

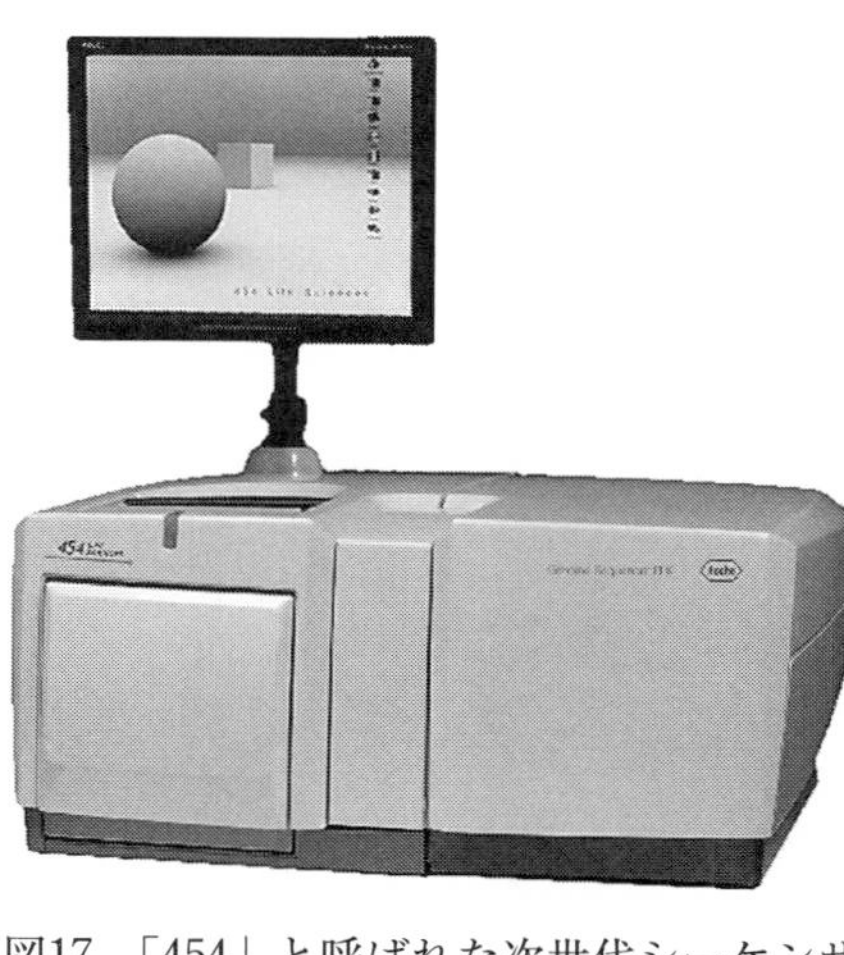

図17　「454」と呼ばれた次世代シーケンサ
(Jarvie & Harkins 2008)

初のネアンデルタール核ゲノム

「小さなピースのジグソー・パズル」は、古代DNAの分析にこそ好都合であった。前にも話した通り、過去の生物のDNAは、断片化し一〇〇塩基よりも短くなっている。454が扱える塩基数は、三〇塩基から「改良」されていたが、それでも一〇〇塩基ほどが限界であった。古代DNAではない、いま生きている生物であれば、制限酵素や超音波でもって長いDNA鎖をわざと切断し、短くする工程が必要となる。しかし、このサイズは、古代DNA断片のサイズとピッタリだった。

さらに古代DNAにとって好都合なことが454にはあった。PCR法では二つのプライマーという「検索ワード」をつかって、プライマーに挟まれた領域を検索することは既に述べたが、プライマーは人工的に合成されるもので、実験者は、まずプライマーをデザインしなくてはならない。つまり、ゲノムのどの領域を増幅するか、あらかじめ決めておかなくてはならない。

一方、454で短いDNA断片を読む際には、その両端に「アダプター配列」という人工的に合成した短い配列を結合する。古代DNAは、長い年月を経る間に断片化するとともに、分子の数も減ってしまう。ゲノムの特定の領域をPCRで増幅しようと思っても、その領域が残っているとは限らない。例えば仮に『モナリザ』の鼻の部分のピースが、もともと欠けてしまっていたとすると、「モナリザの鼻」を増幅するプライマーを設計してPCRしても、永遠に「モナリザの鼻」は再現できない。

でも、生物の遺物から取り出したDNA断片に、とりあえず「アダプター配列」を結合してしまえば、454なら読むことができる。ピースの多くが失われてしまっていたとしても、全体としてなんとなく『モナリザ』がよみがえったような絵になる。

この454を使ってスヴァンテ・ペーボたちはネアンデルタール核ゲノムを読んだ。次世代シークエンサーをもちいたネアンデルタール核ゲノム解析の初の論文『ネアンデルタールDNA一〇〇万塩基対の解析（原題はAnalysis of one million base pairs of Neanderthal DNA）』が発表されたのは二〇〇六年のことであった。

読むことができたのはゲノム全体の〇・〇四%で、二〇〇三年のヒトゲノム完了版である「ヒト参照配列」が、全ゲノムを約三〇回読んだのに比べると、圧倒的に少ない文字数である。だけれども、一〇年前にネアンデルタールのmtＤＮＡを読んだ時の文字数が四〇〇文字に満たないものであったことを考えると、飛躍的な情報量の増大だった。

この論文の目玉であり大きな進歩は、次世代シークエンシング技術が古代ＤＮＡの塩基配列決定に応用されたという点であった。一方、その解析結果は、一九九七年にmtＤＮＡＨＶＩ領域の三六〇文字を読んだときとさほど変わるものではなかった。得られた塩基配列情報から計算した分岐年代は、約五〇万年前という数字で、両者は進化系統的に極めて近縁であるけれど、約五〇万年前には別れた遠い親戚のような関係だと結論づけられるものであった。

書き替えられたサピエンス史

サピエンスとの交雑

核ゲノム解析においても、ネアンデルタールはサピエンスと異なっていたとするこの結論は、アフリカ単一起源が動かしようのない事実であることを示していた。二〇〇五年に日本へ帰国していた私は、この論文を一読し、特に感慨も無く納得したし、大学の講義でも、そのように話していた。

ところが、話はそれだけでは終わらなかった。スヴァンテたちはさらなるシークエンシングを進め、二〇一〇年、ネアンデルタール人の全ゲノムを読んだ『ネアンデルタール・ゲノムのドラフト配列（原題はA Draft Sequence of the Neanderthal Genome）』を発表した。

ネアンデルタール全ゲノムのドラフト配列の解読には、パイロシークエンシングとは別の原理で配列を読むイルミナ社の次世代シークエンサーである「ソレクサ・ゲノムアナライザーⅡ（Solexa Genome Analyzer II）がもちいられた。

三体のネアンデルタール標本から抽出されたＤＮＡが解読された。先述のようにドラフト配列決定とは「全ゲノムを（とりあえず）一通り読みました」ということを意味する。ヒトゲノム（サピエンスのゲノム）が約三〇億文字であり、今回読んだネアンデルタールのゲノムの文字数が約四〇億文字であったので一・三回読んだ換算になる。

この論文は、前回の結論から飛躍的に新しい知見が盛り込まれていた。ネアンデルタールは、サハラ砂漠以南のアフリカ大陸に現在住んでいる人々よりも、ユーラシア大陸に現在住んでいる現生人類と、より多くの遺伝的変異を共有していた。これは、出アフリカ後のサピエンスが、既にアフリカの外にいたネアンデルタールと交雑していた証拠を示す。

ユーラシア大陸の現生人類は、個人差はあるものの、ゲノム中の一塩基多型（single nucleotide polymorphism: SNP）の一〜四％がネアンデルタール由来であった。何故そんなことが分かるのか？　それは例えば次のように考える。

チンパンジー、ネアンデルタール人、アフリカ大陸の現生人類、ユーラシア大陸の現生人類、の四者を考える。これら四者について系統関係を述べると、チンパンジーからネアンデルタールとサピエンスの共通祖先が分岐し、その後、ネアンデルタールとサピエンスが分岐する。サピエンスがアフリカ大陸で進化した新種であると考えると、アフリカ大陸の現生人類の一部が分岐して、アフリカ大陸の外へ出て行き、ユーラシア大陸の現生人類として拡散したことになる。

もしゲノム中の文字列のある場所で、チンパンジーはG、ネアンデルタールはGであるのに、現生人類はアフリカ大陸でもユーラシア大陸でもAである場合、このGからAへの変異は、ネアンデルタールとサピエンスが分岐した後、サピエンスのゲノムで起こり、集団中に広まったと考えられる。

ところが、チンパンジーはG、ネアンデルタールはGであるのに、現生人類はアフリカ大陸ではA、でもユーラシア大陸ではAの人もGの人もいるとしたら、どう考えればよいだろうか？　アフリカ大陸から外へ出た後に、ゲノムの文字列の同じ場所で、AからGへの変異が、もう一度起こったことを想定しなくてはならない。こういう変異をバック・ミューテーションとかリカレント・ミューテーションと呼ぶ。しかし、突然変異が起こる割合を考えると、それらが起こる確率は極めて低い。

他に何が起こったと考えられるか？　チンパンジーかネアンデルタールからGを受け取ったと、というアイディアが浮かび上がる。つまり、サピエンスとチンパンジーかネアンデルタールが交雑し、チンパンジーかネアンデルタールのゲノムの一部を受け継いだということであるが、チンパンジーとサピエンスの交雑は考えにくいので、ネアンデルタールとの交雑によって生じたと考えるのが、最ももっともらしい。そういう遺伝的変異が、非アフリカ人の全ゲノム中で一〜四％あった、という結果が示されたのだ。

特定の地域集団に偏ることなく、現在の地球上に住んでいる人々に、広く、薄く、ネアンデルタールのゲノムは少ないながら残っていた。このことから、おそらくサピエンスがアフリカ大陸から出てきた直後、おそらく西アジアあたりで交雑が起こったのだろう、とスヴァンテたちは推定した。

それでもネアンデルタールは絶滅した

ゲノム配列データから、ネアンデルタールとサピエンスの共通祖先が、約八〇万年前に存在していたことが分かった。そして、両者は五〇〜六〇万年前に分岐したことも分かった。これは、それまでの化石データから考えられていた両者の関係と矛盾するものではなかった。これまでにもサピエンスの形態的要素を持つネアンデルタールの化石も見つかっていた。それらは両者の中間的な存在であり、ネアンデルタールからサピエンスに進化する途中の個体であったかもしれないし、両者の交雑の結果であったかもしれない。それぞれの化石について、今後、解釈が変化していくかも知れないが、ともかく、ゲノム情報は両者の交雑の証拠を示していた。

ゲノム配列データからは、その個体が属した集団の過去の人口（集団サイズ）を推定することができる。やや難しい話になるが、集団の遺伝的多様性は、集団サイズに依存する。一般的に、集団サイズが大きい集団は遺伝的多様性が高く、集団サイズが小さい集団は遺伝的多様性が低いことが期待される。逆に、集団の遺伝的多様性を測定できれば、集団サイズ（人口）を推定できる。

ただ、古代ゲノムの場合、複数個体のデータがあるわけではない。遺伝的多様性は、普通、複数個体の実データから計算するので、古代ゲノムではこれができないのであるけれど、次のような方法で一個体のゲノム情報から遺伝的多様性を計算できる。

既に何度も述べたようにヒトはディプロイドの生物で、両親から対になる染色体を一つずつ受け取っている。ある人のゲノムのある領域のある塩基が、たとえば母親由来の染色体ではCで父親由来の染色体ではTだったとすると、この人はこの塩基ポジションに関して「CT」という遺伝子型を持つことになる。母親由来と父親由来の塩基が同じであれば「CC」か「TT」の遺伝子型ということになる。母親由来と父親由来の塩基が異なる「CT」のような遺伝子型を「ヘテロ接合」といい、「CC」や「TT」のように同じ塩基である遺伝子型を「ホモ接合」という。

遺伝的多様性が高い集団では「ヘテロ接合」となる塩基ポジションが多くなり、逆に遺伝的多様性の低い集団では「ホモ接合」となる塩基ポジションが多くなることは、想像に難くないだろう。この情報は一個体のゲノム配列からも得られる情報だ。さらに、これも既に述べたように、ディプロイドの生物では、組み換えが起こるため、生殖細胞が作られるたびにゲノムはシャッフリングされるので、ゲノムは領域ごとに異なる系図を持つ。ゲノムの配列データを短い領域に区切って系図を推定し、その短い領域の祖先が存在した時期を推定することができる。

これらディプロイドの生物がもつゲノムの性質を利用して、一個体のゲノム情報から過去の遺伝的多様性の変動を推定し、そこから過去の集団サイズの推移を推定する方法としてＰＳＭＣ（pairwise sequentially Markovian coalescent）法が考案され、ネアンデルタール人ゲノムに応用された。この解析法でネアンデルタール人の集団サイズの過去の推移を推定したところ、約五〇万年前にサピエンスと分岐して以降、集団サイズは小さくなり続け、ＰＳＭＣの起点である四万年前（化石の年代から設定）に集団サイズが「ゼロ」になっていた。つまりネアンデルタール人は約四万年前に絶滅した、というシナリオが描かれたのだった。

何がすごかったのか？

ネアンデルタールとサピエンスの交雑は、本章の前半でお話した、『アフリカ単一起源説』に修正を迫るものであったが、『多地域連続進化説』を支持するものでもなかった。ホモ・サピエンスがアフリカ大陸で約二〇

〜一〇万年前に誕生したとする『イヴ仮説』は正しかった。また、ネアンデルタールmtDNA配列解析で示された「ネアンデルタール人は絶滅した」すなわち「ネアンデルタールとサピエンスは別種である」という事実も、覆ったわけでは無かった。ただ、mtDNAの分析では分からないことを、全ゲノム解読は明らかにした。ネアンデルタールのゲノムの一部はサピエンスのゲノム中に残っていた。サピエンスとネアンデルタールと交雑し、その子孫は世界各地に広まっていたのだ。

この「サピエンスとネアンデルタールの交雑」は、全く新しいアイディアではなかった。考古学データは、ヨーロッパや西アジアで、両者がほぼ同時代に存在していることを示していたので、その知識があれば誰でも両者の「交雑」を想像できた。一九九七年のネアンデルタールmtDNA配列の論文で、現生人類のmtDNAの多様性の外にネアンデルタールのそれが来ることが記されていたので、交雑は、あったとしてもわずかだったであろうことは想像できた。が、多くの研究者が「程度の問題だ」と考えていた。

なので、二〇一〇年の論文が発表される前に、ある国際シンポジウムに招かれて来日していたスヴァンテに、ネアンデルタール人のドラフト配列決定に成功したと耳にしていた私は「サピエンスとネアンデルタールは、どれくらい混血（交雑）していましたか？」と懇親会場で質問してみた。「混血（admixture）」という表現は、倫理的に好ましくない表現であったけれど、その懇親会場のくだけた雰囲気の中、分かりやすくそう質問した。それは私でなくても誰でもできた質問だった。そのときスヴァンテは「んー、たいして混血して無かったよ」と答えた。その答えは嘘では無かった。が、その直後に論文が発表されて、私は「やられた……」と感じた。その論文で主たる発見として主張されていたのは「サピエンスとネアンデルタールとの交雑（hybridization）」だった。

サイエンスは競争だ。最新データは極秘であり、重要な発見は研究チーム以外の人には決して口外しない。これは鉄則である。スヴァンテのあのときの答えは決して不誠実なものではなかった。嘘では無く、しかし、メインの主張はぐらかされていた。それで、後になってとてつもなく悔しい気分にさせられた。

誰もが思いつくことでも、その証拠を示すことはとても骨の折れる作業だ。たとえ自分が証拠と信じるモノを提示したとしても、多くの人が納得しなければ意味が無い。「私はこう思う」と言うことは簡単だが、誰も反論できない証拠を示すには、血の滲むような努力と年月が必要である。さらにいえば、今現在は誰も反論できない証拠でも、数年後、数十年後に、それを反証するデータが示される可能性だってある。ストーリーが一八〇度転換することだってあり得る。それもサイエンスであり、それがサイエンスである。

いずれにしても、スヴァンテらは古代ゲノムを通して人類史を書き替えた。それは「想像を絶するシナリオ」ではなかったが、具体的な数値で「サピエンスとネアンデルタールとの交雑」の証拠が確かに示されたのだった。

デニソワ人の「発見」

映画やドラマのシリーズにスピンオフ作品というのがあるが、本篇よりスピンオフの方が面白かったりすることが、しばしばある。デニソワ人の発見は、ネアンデルタール人ゲノム解析を報告する一連の論文の中で、スピンオフのような存在だけれど、その分析データは私にとって本篇より俄然度肝を抜かれるものであった。

前述のように、ネアンデルタール人の骨はヨーロッパから西アジアにかけて見つかる。では、ユーラシア大陸のもっと東ではどうかというと、ネアンデルタール人の形態的特徴の一部が類似した古い骨が見つかることはあるものの、ネアンデルタール人が東ユーラシアに到達していた証拠はほとんどない。つまり、現生人類が誕生する以前から存在した人類である「旧人」はユーラシア大陸の東側にもいたようだ、という化石の証拠は数少ないけれどある。が、それらをネアンデルタールとは呼ばないのだ。

スヴァンテ・ペーボたちは、ロシア領シベリアの遺跡から出土する古い人骨のゲノム解析を進めていた。そして、そのいくつかがネアンデルタール人のものであることを突き止めていた。ネアンデルタールmtＤＮＡ配列はヒトのmtＤＮＡの系統と随分以前に分かって

図18　デニソワ洞窟（Photo by Stephanie Mitchell, Harvard Gazette.）

いるので、配列がそこそこ違っているので、mtDNAの配列を調べるだけで、それがネアンデルタールかサピエンスか、確かめることができるのだ。

そんな中、アルタイ山脈にあるデニソワ洞窟（図18）で発掘された指の先の骨からDNAが抽出され、mtDNA配列が決定されたところ、サピエンスのものでもネアンデルタールのものでもない配列だった。スヴァンテたちは『南シベリアから出土したこれまで知られていないヒト族の完全ミトコンドリア配列（原題はThe complete mitochondrial DNA genome of an unknown hominin from southern Siberia）』というタイトルで論文を二〇一〇年に発表した。

「ホミニン（hominin）」とは正式に認められた分類群ではない。普通「ヒト族」と訳す便宜的

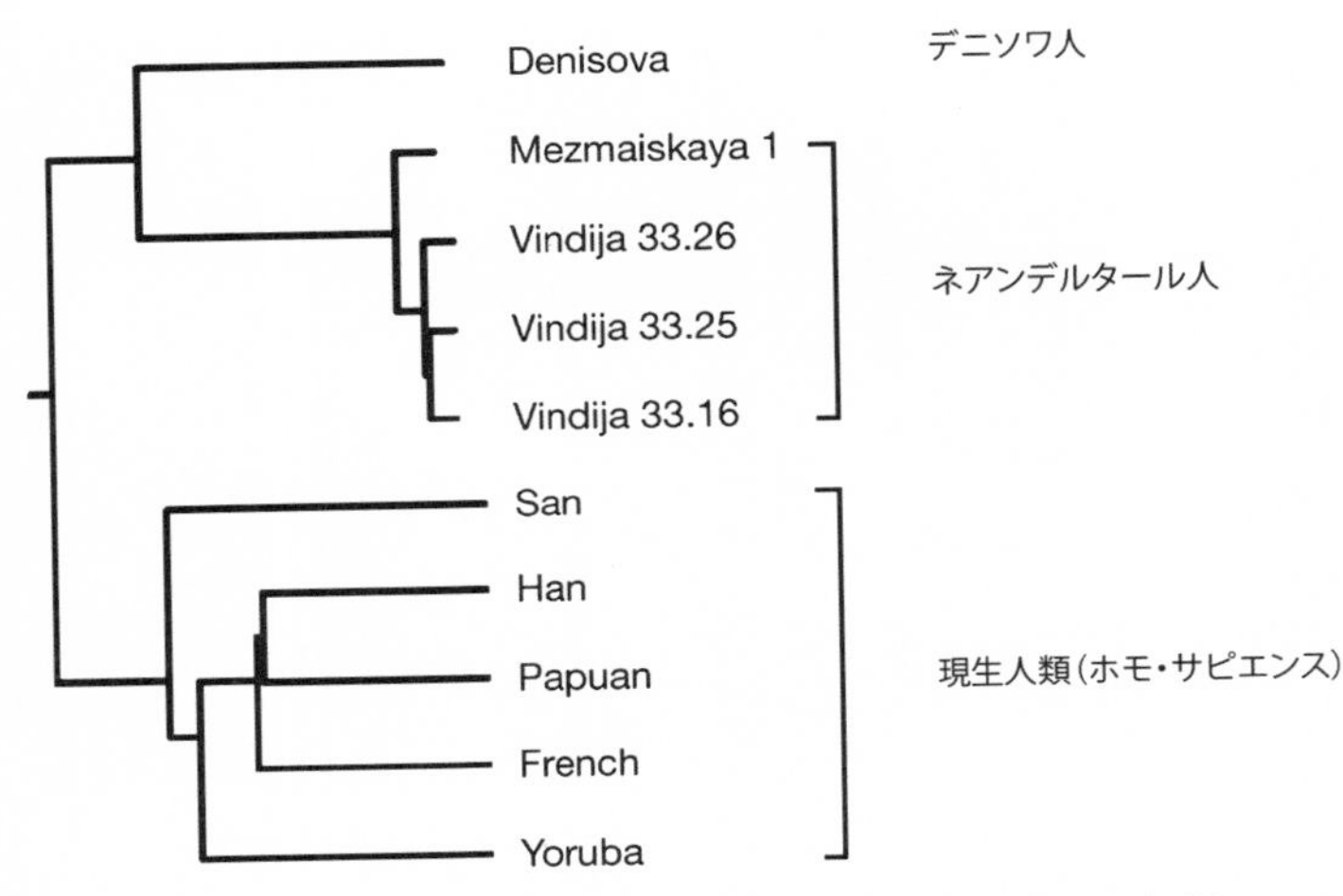

図19　ゲノム配列にもとづく現生人類と古代型人類の系統樹（Reich et al.〔2010〕による）

な分類群で「ヒト属＝ホモ属」とは異なり、ホモ属とチンパンジー属の共通祖先が、ゴリラ属と分岐した後のグループを指す。つまり、現生の種以外の過去に存在した種を含めてホモ属へいたる系統に含まれるグループを指す場合にもちいる。

ともかくこのデニソワ洞窟から見つかった指骨は「まだ知られていないヒト族」のものだった。つまり、新たな人類・デニソワ人の発見であった（図19）。

人類に限ったことではないが、通常、化石などの遺物が新種として認められるには、それなりに立派な骨格標本が必要だ。断片的な骨の破片から、新たな種と同定するには、情報が少なすぎるためだ。デニソワ洞窟で見つかったこの標本は、小さな指の骨、たったそれだけだった。同じ地層から、原人のものと思えるくらいかなりゴッい大臼歯が見つかっていた。この指の骨の主と大臼歯の持ち主が同一個体である証拠はないが、ネアンデルタール人よりも古いタイプのヒト族かもしれない。mtＤＮＡの塩基配列はヒトとネアンデルタールよりはるかに古い分岐を示し、この想像を補足した。

同じ時期に存在した三つの人類

続いてこの同じ指の骨から全ゲノム・ドラフト配列が決定され、『シベリアのデニソワ洞窟の古代型ホモ族の遺伝的歴史（原題はGenetic history of an archaic hominin group from Denisova Cave in Siberia）』というタイトルで論文が、mtＤＮＡ配列の論文と同じ年に発表された。さらに30ｘカバレッジ、つまり全ゲノム配列を三〇回読んだ、という、この古さの古代ゲノムとしては、別格に厚い深度で読まれた完全ゲノム配列が、二〇一二年に発表された。

核ゲノムのデータも、このホミニン、デニソワ人がネアンデルタール人や現生人類とは遺伝的に異なる系統であることを示していた。デニソワ人は、ネアンデルタール人と祖先を共有する集団に属しており、しかしネアンデルタール人と遺伝的交流を断って、長い時間が経過していることが明らかになった。そして、もっと驚くべきことに、パプア人がもつＳＮＰの約五％が、デニソワ人由来であることだった。

オーストラリアの東北に位置するニューギニア島に住むパプア人が、シベリアのアルタイ山脈のデニソワ洞窟の三万〜四万八千年前の地層から発見された指骨と、ゲノムを共有していた。これはどういうことなのだろうか？　しかも、パプア人はネアンデルタール人のSNPも約二％受け継いでいる。なので、全部で七％前後、旧人（デニソワ人とネアンデルタール人）からゲノムを受け継いだ新人ということになる。

交雑がどこで起こったか、未だ明確にはわからない。アルタイ山脈から遠く離れたニューギニア島で交雑が起こったとしたら、デニソワ人が非常に広い範囲に生息していたことになる。しかし、サピエンスが、ニューギニア島にたどり着く途中、ユーラシア大陸のどこかでデニソワ人やネアンデルタール人と交雑していたのであれば、極端な広範囲の生息域を仮定しなくても説明がつくかもしれない。詳細な交雑の経緯は新たな謎として今後の課題である。いずれにしても、新人サピエンスと旧人との交雑は、特別なイベントではなかったことを、古代ゲノムは示していた。

日本列島にたどり着いたサピエンス

サピエンス古代ゲノムの進展

ニュージェネレーションたち

ネアンデルタール人とデニソワ人の化石を対象としたゲノム解読で成功を収めた古代ゲノム研究は、その後、サピエンスの古人骨を対象としたゲノム解読の研究へ、その拡がりをみせていった。この流れを牽引したのがハーバード大学のデビッド・ライクであった。彼はスヴァンテ・ペーボ達のデニソワ人ゲノム解読に参加した後、独立して現生人類の古代ゲノム解析を精力的に行った。ライプチヒでポスドクをしていた私は二〇〇一年、大西洋を渡ってアメリカ東海岸へ移りイエール大学の医学部・遺伝学研究部門でポスドクとして雇用された。米国での私のボスであるケネス・K・キッドは、かつてルカ・キャバリ＝スフォルツアのもとでポスドクをしていた人類遺伝学者だ。キャバリ＝スフォルツアは、一九六〇年代に遺伝学をもちいて人類史を探る研究分野を創始した大人物である。ちなみに、スフォルツァ家は一五世紀以来のイタリアの貴族で、ミラノ公であったルドヴィーコ・スフォルツァは、レオナルド・ダ・ビンチのパトロンだった人物だ。ルカ・キャバリ＝スフォルツァは、その末裔の一人だと聞いている。

キャバリ＝スフォルツァが、世界各地から集めた人類集団の血液やＤＮＡなどの試料の多くをケン・キッドが継承していた。キャバリは、血液から得られるタンパク質多型の情報から、ヒトの地理的な移動や言語の分布、遺伝的近縁性を議論した。これは当時ほぼ世界初の試みであった。デビッド・ライクは、キャバリの孫弟子にあたる。

私がイエール大学に移って間もなく、ある学会でライクが、同門の先輩にあたるケンに声をかけて来たところに、たまたま居合わせたことがある。当時ライクはまだ古代ゲノム研究は手がけていなかったが、既にNatureやその姉妹誌にインパクトある論文を多く発表しており、この分野で名前を知られていた。なので、そのとき私は、ああ、この礼儀正しい若者があの
デビッド・ライクか……と思った。

現在、ハーバード大学医学大学院にあるライクの研究室では、ロボットが無人で骨からＤＮＡを抽出し、ＮＧＳライブラリーを作製するシステムを整えているそうだ。いわば、スヴァンテが立ち上げた家内制手工業式の古代ゲノム解析を、ライクが工業化して大量生

産を始めたような感じだ。ライクのグループは、もはや革命的とも言えるスピードで世界中の膨大な数の古人骨を潰し、DNAを抽出し、ゲノム解析を展開している。

もう一人、現生人類の古代ゲノム研究をリードする研究者がいる。コペンハーゲン大学のエスケ・ヴィラースレウだ。エスケは、まだ大学院生の頃、氷床コアから古代DNAを取り出す研究で一躍有名になった。海や河川の水や陸地の土壌から、その環境に存在する生物のDNAを得ることができる。エスケは、現代の環境試料からだけでなく、古代の堆積土壌など環境試料からもDNAを得られることを示した。

グリーンランドやアラスカをフィールドとし、マンモスを含む大型動物相を主な研究対象としてきたが、二〇一〇年、グリーンランドのサカク文化をもつ四〇〇〇年前のヒトの髪の毛からDNAを抽出し、20xカヴァレジの高精度ゲノム解読を発表した。これ以降、北東シベリアからアメリカ大陸へのヒトの移動、オーストラリア大陸、ユーラシア大陸の西半分（ヨーロッパ）および東半分（アジア）のヒト集団史について、膨大な数の古人骨ゲノム解析を展開している。

現在では、デビッド・ライクやエスケ・ヴィラースレウに続く、さらに若くて優秀な古代ゲノム研究者が多数、きら星のごとく現れ、一流科学誌を賑わせている。彼らによってヒトに限らず、さまざまな生物について、膨大な数の古代ゲノム論文が出版されている。

もちろん原著論文は英語なので、一般向けのニュースとして取り上げられるものは、そのうちのごくわずかで、日本ではあまり知られていない。古代ゲノム学のニュージェネレーションたちの快進撃はすさまじく、本書でも取り上げる紙面が全く足りないほど、多くの発見がなされている。

縄文人ゲノム解読を計画する

私は二〇〇五年に日本に帰国し、東京大学の河村正二の研究室・人類進化システム分野で五年間、助教を務めた。海外にいた六年間も含めた一一年間、主に現在生きているヒトの集団遺伝学に取り組んでいて、古代DNA分析からは遠ざかっていた。

その理由の一つには、古代DNAの研究は当時まだリスキーだと感じていたからだ。古い骨にDNAが残っているか、残っていないかは、運によるところが大きい。運が悪ければ、実験を繰り返してもデータが全く出ないことだってある。データが出なければ、論文を書くことができない。ポスドクや日本の大学の助教のポジションは、年限が付いている不安定な立場なので、古代DNAを自分の研究のメインにするのはリスキーだと感じたのだ。

また、古代DNAを研究するには、古代DNA分析専用のクリーンルームという特別な設備を持っていることが望ましいが、年限付きの不安定な身分の研究者が、そんな特別な設備を持つことはほぼ不可能だった。

少し脱線するが、私だけでなく、これは日本の若手研究者が一般的に抱える深刻な問題の一つである。博士号を取ったあとも、ずっと不安的な身分が続く日本のシステムでは、若手研究者が、本当に面白いと思い、興味をもっているチャレンジングな研究に取り組むことが難しい。日本からの科学論文の数や質が近年、著しく減少し続けている一因が、こうした構造的問題にある。

私は博士号を取ってから一四年が経過して初めて年限付きではないポジションを得た。人体北里大学・医学部に解剖学の教授として赴任した埴原恒彦が私を呼んでくれたのだ。人体解剖学者であり形質人類学者である埴原恒彦は、私を自分の研究室の准教授として迎えてくれて、「私の研究はお金がかからないから太田くんが好きに使っていいよ」と、研究室の予算のほぼ全てを私の実験室の整備にあててくれた。このときついに古代DNA分析専用クリーンルームも設置することができた（図20）。

この年は、ちょうどネアンデルタール人とデニソワ人の全ゲノム・ドラフト配列が発表された年であった。古代DNA研究で博士号を取った私は、マックスプランク・エヴァでの大きな成果に焦りを感じていた。なんとか欧米に対抗しうる研究を日本でも展開していかなければいけないと思った私は、縄文人のゲノム解読を計画した。

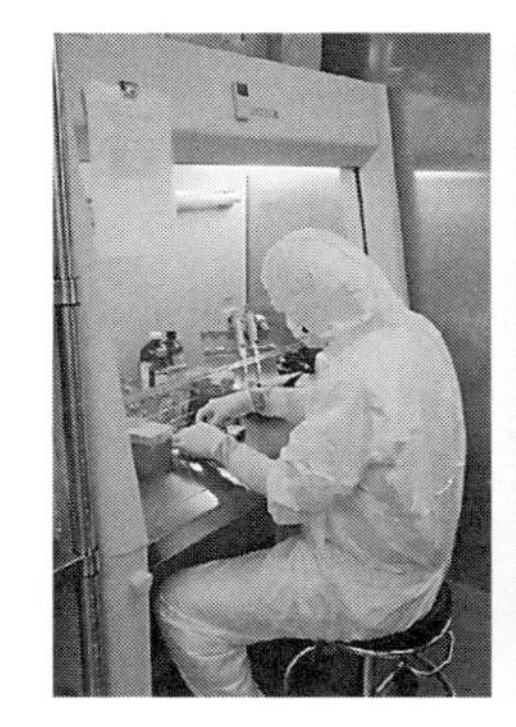
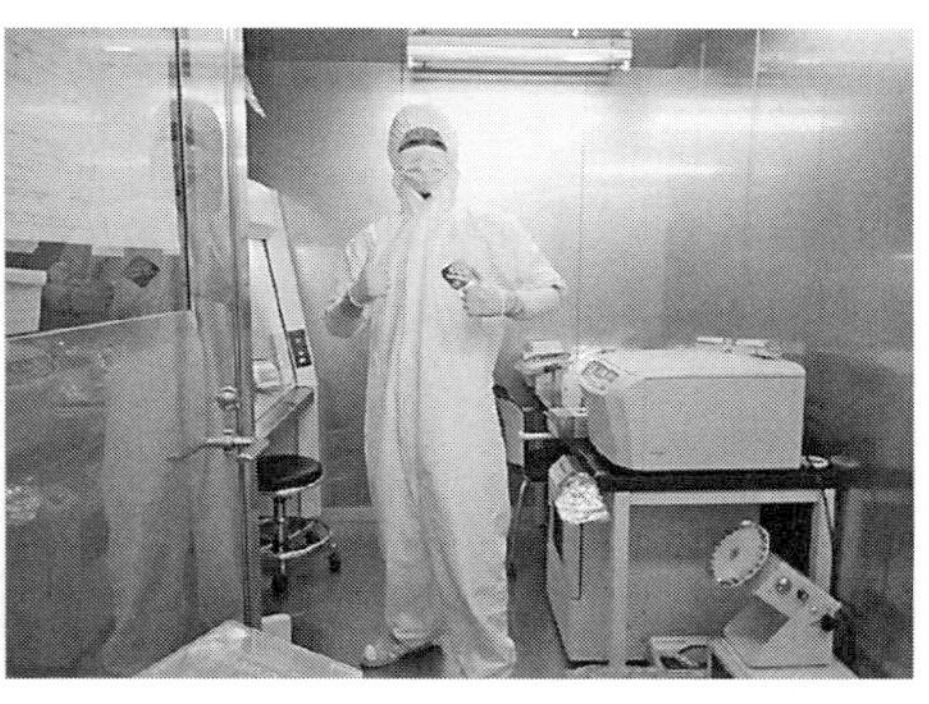

図20　古代ゲノム分析専用のクリーンルーム

日本列島には縄文時代以前、旧石器時代にもヒトが住んでいた。これには考古学的証拠がある。しかし、火山島であることが主な原因で、特に本州では旧石器時代の人骨はほとんど出土しない。一方、縄文時代になると人骨が多く出土するようになる。これらの多くは大切に保管されていて、その学術的に整理された数は世界に誇るべき規模だ。ＮＧＳが古代ＤＮＡ分析に使えることが証明されてきた当時、日本でそれをやるとすれば縄文人のゲノムの解読であった。

日本列島のサピエンス史

出アフリカからの視点

「日本列島に住みついたホモ・サピエンスはどこから来たのか？」という問いの立て方は、比較的新しい問いの立て方ではないかと思う。私が学生だった頃は主に「日本人はどこから来たのか？」という問い方だった。この両者、何が違うのかというと、後者は日本列島の内側から「日本人の起源を探る」という視点だったが、前者は日本列島の外側からそれを探る視点だということだ。

サピエンスが生まれたのが一〇～三〇万年前のアフリカ大陸であり、六～七万年前にアフリカ大陸から出てユーラシア大陸に拡散した、という現生人類のアフリカ単一起源が、誰の目にも明らかになったのは、一九九〇年代後半から二〇〇〇年以降であった。それまでは「サピエンスの起源」と「日本人の起源」は、あたかも別の問いであるかのように扱われていた。そうでなければ、多地域連続進化説の文脈において、北京原人やジャワ原人との関係から日本列島へのヒトの移住は議論されていた。それが二一世紀になるとアフリカ大陸で誕生したサピエンスの東ユーラシア進出という文脈の中で日本列島へのサピエンスの到達が語られる素地が整ってきていたのだ。

「日本人の起源」という研究テーマ

日本列島に住む人々を初めて人類学的に論じたのは、江戸末期の一八二三年に来日したドイツ人の医師、フィリップ・フォン・シーボルトだったのではないかと思う。また、明治になって、東京医学校（後の東京大学医学部）で「お雇い外国人」として病理学の教鞭をとったエルヴァン・フォン・ベルツや、大森貝塚を発見したことで有名な動物学者、エドワード・S・モースなどが、それぞれ日本列島に住む人々の生物学的な由来や来歴について研究した。その記録が後世に伝わっているが、考えてみると、日本列島に住むヒトの集団史は、最初は日本列島の外から来た人々の手によって始まった。

一八八四年、坪井正五郎（つぼいしょうごろう）が中心になって東京人類学会が結成され、本格的に日本列島のヒトに関する研究が、海外の研究者ではなく、日本列島で生まれ育った若手研究者の手によってなされるようになった。こうした研究史は、寺田和夫の『日本の人類学（思索社、一九七五年）』に詳しいが、残念ながら現在この本は手に入りにくい。手に入りやすく一般に読みやすいものとして、埴原和郎の『日本人の誕生　人類はるかなる旅（吉川弘文館、一九九六年）』や中橋孝博の『日本人の起源　古人骨からルーツを探る（講談社選書、二〇一五年）』、斎藤成也［編］の『最新ＤＮＡ研究が解き明かす。日本人の誕生（秀和システム、二〇二〇年）』、山田康弘の『つくられた縄文時代　日本文化の現像を探る（新潮選書、二〇一五年）』がある。是非手に取って読んでいただきたい。

初期のお雇い外国人や坪井、あるいは森鷗外の義弟で星新一の祖父にあたる解剖学者・小金井良精（こがねいよしきよ）らの問いは、ものすごくザックリ言えば、日本列島の石器時代人と、いま北海道に住んでいるアイヌの人々、そして、いま本州に住んでいる人々、との系統的な関係についての問いであった。日本列島の石器時代人とは、エドワード・Ｓ・モースが発見した大森貝塚を作った人々のことで、今の言い方をすれば新石器時代人であるところの縄文人に相当する（現在では中石器時代人に相当するとの考えもあるそうだ）。当時は「石器時代人＝縄文人」の子孫が現代のアイヌか、あるいはアイヌと石器時代人は異なる系統か、が議論された。つまり、石器時代人、アイヌ、現代日本人の三者の系統的関係が、この当時から研究の対象となった。

これら百年近い議論をごくごく簡単にまとめると「変形説」「置換説」「混血説」に分けることができる。変形説とは、石器時代人（＝縄文人）がそのまま現代日本人になった、とする仮説。置換説とは、石器時代人とアイヌは先住民族で、両者の関係は定かではないが、ある時点で大陸から来た渡来人と置き換わった、とする仮説。そして、混血説とは、先住民族（石器時代人＝縄文人そしてアイヌ）が後に近隣アジア諸集団と混血して、現代日本人が形成された、とする仮説である。

前にも少し触れたが、現在の遺伝人類学では、というより私は、「混血（admixture）」という言葉は、あまり好ましく無いニュアンスを含む場合があるので極力使わないようにしている。代わりに「交雑（hybridization）」という言葉を使うことが多い。しかしここでは、明治〜昭和期に使われた、当時のままの表現で記すこととする。

日本列島の人々の成立に関する人類学研究は、一九八〇年代に東京大学の石本剛一や尾本恵市が人類学に遺伝学の手法を取り入れたが、人骨や歯牙の形態を主な分析対象としてきた。それらの研究のほとんどが上記の三つの仮説のどれかに分類できるのではないかと思う。そうした中、現在も学術的な「叩き台」となっているのが、埴原恒彦の実父である人類学者・埴原和郎の『日本人の起源に関する二重構造モデル』だ。

埴原和郎の二重構造モデル

二重構造モデルは混血説の一種である。埴原和郎（図21）は、これまでの日本の人類学（特に形態学）における議論を簡潔にまとめ、独自のデータ解析と合わせて一九九一年、このモデルを提唱した。

図21　埴原和郎（河内 2005）

二重構造モデルで提唱されていることを要約してみると次の四つになる。一つめは、縄文人の起源についてで、旧石器時代の東南アジア人から新石器時代の縄文人と北東アジア人が分岐した、としている。二つめは、現代のアイヌと沖縄の人々の系統的関係についてで、アイヌと琉球人は縄文人の直接の子孫である、としている。三つめは、東ユーラシア大陸から日本列島への移住についてで、約二千年前に北東アジアから、おそらく朝鮮半島づたいに、大量に人が渡来した、としている。いままでは、水田稲作が始まったのは約三千年前とされ、大陸からの移住の開始は埴原和郎の時代に考えられていたより一千年くらい古いと考えるのが一般的になっているが、いずれにしても、この渡来人の子孫が日本列島で弥生文化をになう人々となったと考えられている。そして四つめが、これらの交雑についてで、本州では縄文人と渡来人の混血が進んだが、北海道と沖縄では、渡来人の遺伝的影響が少なく、縄文人の遺伝的影響が色濃く残った、とする（図22）。

これら四つが埴原の二重構造モデルの骨子だ。埴原和郎は自身で述べているように二重

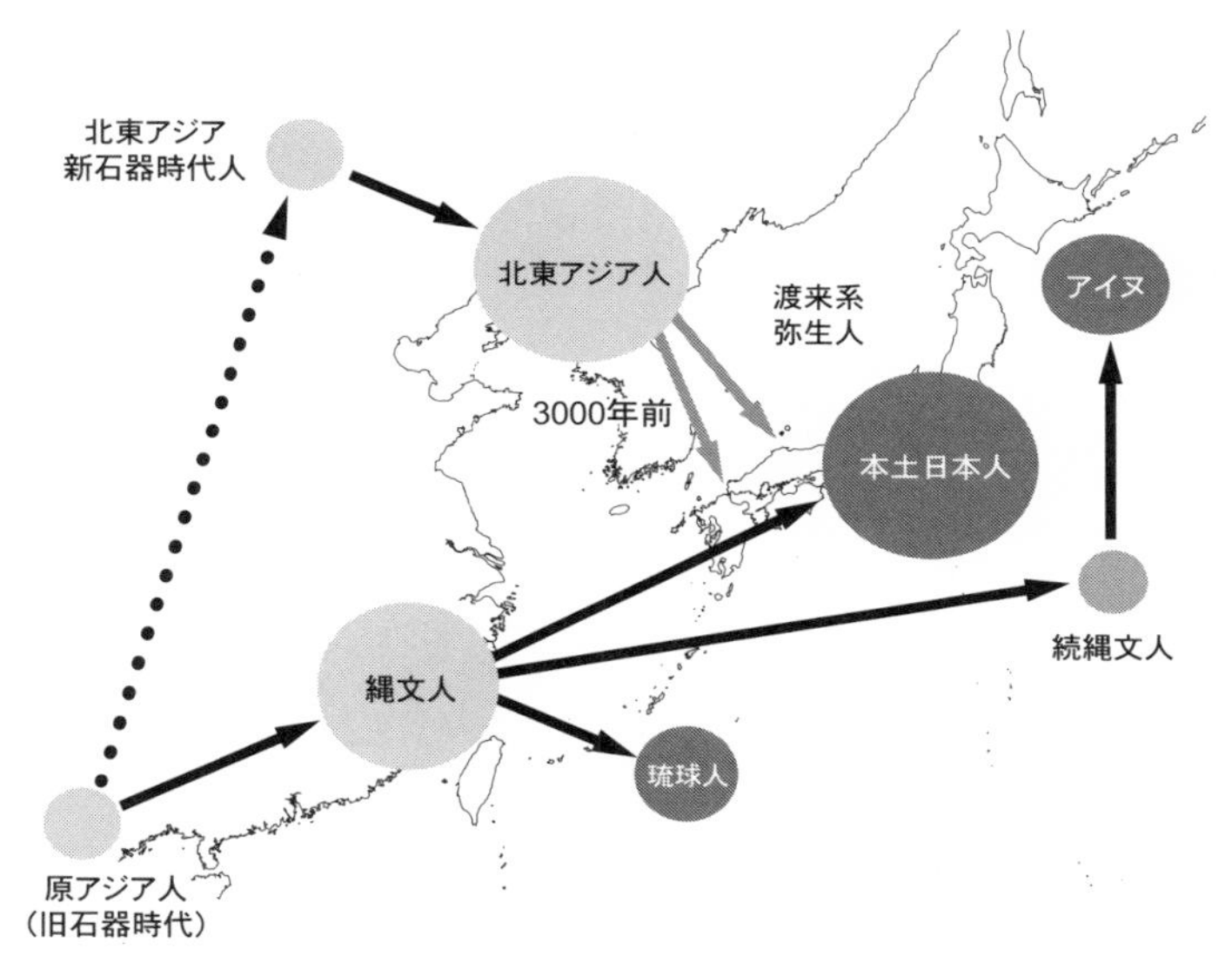

図22　二重構造モデル（埴原〔1995〕を改変）

構造モデルを「叩き台」として提示した。サンドバッグのように好きなだけ叩いて議論してくれ、とご本人が述べていた。なので今でも、これらひとつひとつが検証の対象となっている。

宝来聰の縄文人DNA分析

本書「絶滅生物のDNAを追う」でも触れた国立遺伝学研究所の宝来聰らによる縄文人骨五検体のmtDNA分析に関する論文が報告されたのは、二重構造モデルが世に出た少し後であった。

宝来らは、まず埼玉県から出土した約五九〇〇年前の縄文人骨（浦和一号）から抽出したDNAのPCR

増幅に成功し、サンガー法で塩基配列を読んだ。この配列データを比較したところ、日本人以外のアジア人二九人中、マレーシアの一人とインドネシアの一名の配列と、浦和一号の配列が一致し、六二人の現代日本人の中には配列が一致する人はいなかった。

さらに宝来らは、埼玉県から発掘された別の約六〇〇〇年前の縄文人骨と、北海道から出土した約三〇〇〇年前の縄文人骨三体からもDNA抽出を行い、Dループ領域の塩基配列を読んで系統樹を作成した。すると、四個体の縄文人が一五人の現代日本人とマレーシアとインドネシアからの四人の東南アジア人と同じクラスターに含まれ、遺伝的な近縁性を示した。

これらの結果は、埴原の二重構造モデルの一つめ「旧石器時代の東南アジア人から縄文人が分岐した」を支持するデータとして、当時、多くの論文や一般書で引用された。しかし（いま思えば）これらのデータが縄文人の系統が旧石器時代の東南アジアから分岐したという強い証拠となるものではなかった。

PCR増幅の後に塩基配列が決定されたDループ領域は、たった一九〇文字だった。当時の古代DNA分析の技術としては、普通か、むしろ長い方であるが、それでも情報量として少ない。一九〇文字という短い配列を比較して縄文人と現代の東南アジア人が一致するのは、偶然でも十分ありうる結果だ。

これに対し、一九九七年に尾本と斎藤によって発表された論文では、かなり説得力のあるデータが示されていた。この研究では、古人骨のDNAではなく現代人の血液型や血液中のタンパク質の多型データがもちいられた。タンパク質のデータというと、DNAのデータと比べてクラシカルな印象を受ける人も専門的な知識を持つ読者の中にはおられるかもしれないが、約二〇種類のタンパク質の多型データは、二〇座位以上の遺伝子座にもとづくデータを意味するので、一座位であるmtＤＮＡの、しかも非常に短い配列データに比べて、より集団の歴史を反映している。

尾本恵市と斎藤成也の修正モデル

この尾本と斎藤の論文で示されていた重要な点は二つあった。一つは、二重構造モデルの二つめと関係する。尾本と斎藤が論文に載せた系統樹の中で、アイヌと琉球人はクラスターを形成し、遺伝的近縁性を示していた。

埴原の二重構造モデルの二つめ「アイヌと琉球人は縄文人の直接の子孫」は、エルヴァン・フォン・ベルツが最初に言及した「アイヌ・沖縄同系論」として知られるアイディアと同じことを言っている。ベルツは形態的な類似性から「アイヌ・沖縄同系論」を唱えたが、尾本と斎藤は、タンパク多型にもとづく遺伝距離で、定量的にこれを示した。

もう一つは、アイヌと琉球人のクラスターが、現代日本人を含む東アジア人のクラスターに含まれ、東南アジア人のクラスターには含まれなかった点だ。二重構造モデルの一つめで言うように、アイヌと琉球人が縄文人の直接の子孫なら、東南アジア人とクラスターを形成しても良いはずだ。しかし、そうならなかった。

もともと埴原の二重構造モデルの一つめ「旧石器時代の東南アジア人から縄文人が分岐した」は、骨格や歯牙の形態にもとづく推論であるが、物質文化の観点とは矛盾している。縄文人の文化は、北東アジアの文化とより関係が深いと考えられているからだ。

縄文人の起源をめぐる謎

モースが「日本の石器人」と考えた縄文人は、石器だけでなく土器も使用していた。もちろん縄文土器である。縄文人はヨーロッパの時代区分では新石器時代人に当たる。新石器時代の前の段階が旧石器時代である。人類が旧石器と呼ばれる石器を使っていた期間は長い。私は石器に関して「ど」が付く素人なので、その詳細な知見についてお話しすることはできないが、ここでは大まかな傾向として次のように理解しておけばよい。前期旧石器文化の主たる担い手は原人（ホモ・エレクトスなど）で、中期旧石器文化は旧人（ネアンデルタール人など）と初期の新人（ホモ・サピエンス）、そして後期旧石器文化は新人に特有の文化、という具合だ。

太平洋戦争後、岩宿遺跡の発見により縄文文化以前の文化、土器の無かった文化（無土器文化）が存在したことが明らかになった。この無土器時代が日本列島における旧石器時代に相当する。もちろん後期旧石器時代だ。

旧石器時代の人骨は、本州からはほとんど見つかっていないが、琉球諸島からは見つかっている。一九七〇年に沖縄本島で発見された港川人は、もっとも有名な旧石器人骨の一つだろう。さらに近年、港川フィッシャー遺跡に近いサキタリ洞窟や、石垣島の白保竿根(しらほさおね)田原(たばる)遺跡から、古いものでは約三万年前にもさかのぼる人骨が見つかっている。これらは石灰岩の岩場や洞窟なので、アルカリ性であり、人骨が残りやすいのだ。

しかし、火山島であることが原因の一つで酸性の地層が広く分布する本州では、旧石器時代の人骨は、ほとんど見つからない。なので、人類の活動の痕跡は石器の情報にたよるしかない。石器群の出る層序から南関東では約三万八千年前まで人類の活動の痕跡がさかのぼる。人骨が出てこない以上、その石器を使用した人々が確実にホモ・サピエンスだったとは断定できないが、しかし、これら遺物の内容から、ほぼ間違いなくホモ・サピエンスだったと考えられている。つまり、約三万八千年前までには、日本列島にホモ・サピエンスが到達していたのだ。

日本列島に最初に住み始めた旧石器時代人が、縄文人の直接の祖先か、そうではないかは、検証すべき課題である。考古学データは物質文化の連続性を示すという研究者もいるし、それに懐疑的な研究者もいるが、特に日本列島の石器文化は北東アジアのそれと深く関連する。旧石器時代の東南アジア人から縄文人が分岐したとする埴原のモデルは、これと一致しない。

尾本と斎藤は、このとき縄文人のDNAを直接調べたわけではないが、縄文人の直接の子孫と考えられるアイヌと琉球人のタンパク質多型を調べた。その分析結果は、アイヌと琉球人が東南アジア人と遺伝的近縁性を示さなかった。つまり、埴原の二重構造モデルに修正を迫るものであった。

さらに、もう少し後の時期になって、山梨大学の安達登や国立科学博物館の篠田謙一らが、関東や北海道から出土した縄文人骨のmtDNAを数多く調べた結果、N9bというハプログループに分類されるmtDNAタイプの頻度が高いことが分かった。N9bは、北東アジアの先住民に見つかるハプログループであることから、二重構造モデルの一つめの要点については、随分と旗色が悪くなっていった。

生前の埴原和郎は「ルーツとルートは違う」という言い方で反論していた。縄文人の祖先（ルーツ）は東南アジア起源であるけれど、北東アジアを経由（ルート）して日本列島へ入って来たのだろう、と。当時、大学院生だった私にも苦しい反論に聞こえたが、後述するように、後年、私たちが愛知県の伊川津貝塚遺跡から出土した縄文人のゲノムを解読し、詳細な解析をおこなった結果は、埴原のこのロジックで考えれば、他のデータと矛盾しない、むしろ一致するものであった。

サピエンスの東ユーラシアへの拡散

六〜七万年前にアフリカ大陸から出てユーラシア大陸へ拡散したホモ・サピエンスは、どのようにユーラシア大陸の東端へ到達したのだろうか？　この問いも簡単には片付けられない問題を含んでいる。この「どのように」という問いには「どんな人達が」「どの経路を通って」「いつ」「どんな生活を営みながら」「なぜ」ユーラシア大陸の東端まで拡散したのか？　という問いを同時に含んでいる。もちろん一言では答えることができないし、実際、スラスラと答えることができる研究者も現在いないだろう。

ただ、「経路」と「いつ」に関しては、遺跡や遺物が見つかる場所や年代から、ある程度の仮説を立てることができる。たとえば、東京大学総合研究博物館の海部陽介は、Emergence and diversity of modern human behavior in Paleolithic Asia という英文の書籍の中でホモ・サピエンスのユーラシア大陸東端への拡散のシナリオを提示している。このシナリオには、ザックリと次の二つの論点が含まれている。（1）ユーラシア大陸東端へ向かうホモ・サピエンスの拡散が一回のイベントであったか複数回だったか、という問題と、（2）ヒマラヤ山脈以南を通った拡散だけだったか、あるいは、ヒマラヤ山脈以北を通った拡散もあったか、という二つの論点だ。他の多くの研究者たちの研究論文は、これら二つの問いの組み合わせで構成されているといって過言ではない。研究者によって、考えているシナリオは異なるが、主要な問題点はこの二つであり、いまだ決着はついていないのだ。

くどいようだけれど、ここで話しているのは、あくまでサピエンスのユーラシア大陸東端への拡散についてであって、旧人（ネアンデルタール人やデニソワ人）や原人（北京原人やジャワ原人）ではない。サピエンスよりも古くにアフリカ大陸の外へ出た人類は、既にこの地域への拡散を果たしている。ということは、遺跡から保存状態の良い骨が出土していれば、それがサピエンスか、それ以前の人類か判断できるが、必ずしも骨が出土するとは限らないので、骨が見つからなかった遺跡については出土した石器などの遺物や層序、年代測定から、その遺跡がサピエンスのものか、もっと古い人類のものかを判断する。

前述の一つめについて、具体的には、オーストラリア先住民やメラネシアの人々が、現在住んでいる場所にたどりついたサピエンス拡散の波と、現在の東南アジアの人々がたどりついた波が、同じであったか、それとも前者が独立して先んじていたのか、という議論だ。形態学や考古学のデータから二つの波だったと考える主張があり、エスケ・ヴィラースレウらのサピエンスの古人骨ゲノム解析の結果は、これを支持しているが、デビッド・

ライクのグループが独立に行った解析の結果は、同じ波、すなわち一回の波であったことを支持している（しかし、古い方の波を単に検出できていないだけかも知れない、とも言える）。ネアンデルタール人やデニソワ人など旧人から交雑によってサピエンスに挿入されたゲノムの影響を排除すれば、一回の波で説明できる（つまりエスケたちは間違っている）という報告もあり、ゲノム解析からは、どちらかというと、一回の波であったと考える方が優勢であるけれど、まだ結論は出ていない。

二つめのヒマラヤ山脈より以南、つまり「南回りルート」の他に「北回りルート」を考えるか、考えないか、という問題は、このあと詳細に述べるように、私の知識の中にある旧石器考古学の知見と、ここ何年かで示されてきたゲノム解析の結果は、何故か一致していなかったのだ。

サピエンス的な石器

前で触れた「認知革命」にちょっと話を戻したい。サピエンスにはネアンデルタール人にはみられない「現代人的行動」があると指摘されていることは既に述べた。行動といっても、ネアンデルタール人は絶滅してしまっているので、行動そのものを観察することはできないが、その行動の結果、残された遺物は、考古遺物として観察することができる。しばしば事例として挙げられるのは、アクセサリーなど装飾品で、サピエンスの遺跡からはそれらが出土するけれど、ネアンデルタールの遺跡からは、あまり出てこないという点だ。

また、ネアンデルタールの遺跡から出て来る石器と、サピエンスの遺跡から出て来る石器が異なり、サピエンスの石器の方が変化に富んでいると言われている。総じてサピエンスの石器はネアンデルタールのそれより小型で、細石器（さいせっき）と呼ばれるものを多く含んでいる。木の柄などに括り付けて使用したと考えられていて、飛び道具として使用した可能性が指摘されている。

つまり、行動という意味ではネアンデルタールよりもサピエンスの方が複雑な狩りをしていたのではないかと考えられるし、また、サピエンスの方が、ネアンデルタールより、石器を製作する技術が優れていたと言えるかもしれない。しかし、ネアンデルタールとサピエンスの間に差は無い、と考える研究者もいる。これが「認知革命」が、必ずしも皆が納得するものになっていない所以だ。

こうしたサピエンス的な精密な加工が施された石器は、ヒマラヤ山脈以北から高い頻度で見つかり、ヒマラヤ山脈以南からは粗雑な石器しか出てこない。ヒマラヤ山脈以南から精緻な石器が見つかったとしても、それは例外的なのである。そしてヒマラヤ山脈以北、シベリアのバイカル湖周辺から北東アジアにかけて、細石刃（さいせきじん）と呼ばれる小さく鋭い石刃が見つかる。こうした石刃を作るには高度な技術が必要であり、細石刃は一例ではあるけれど、まさにサピエンス的なのだ。

「南回り」と「北回り」のルートに関する謎

ところが、いま生きている人のゲノムを調べた研究では、「南回りルート」が当たり前のように見える系統図が描かれるのだ。「南回りルート」はサピエンスっぽくなく、「北回りルート」はこれぞサピエンスといったタイプの石器が見つかる。なので、当然、アフリカ大陸を出発したサピエンスは「南回りルート」だけでなく、「北回りルート」も通って、ユーラシア大陸の東端へたどり着いたと考えるのが自然だ（図23）。実際、ユーラシア大陸の東端に位置する日本列島でも、サピエンスっぽい石器が見つかる。この南北二つのルートについて、最初に言い出したのは、海部陽介だ。詳細は、彼の著書『日本人はどこから来たのか？』を読んでいただきたい。また日本の旧石器時代については、東京大学の佐藤宏之が著した『旧石器時代―日本文化のはじまり』を参照されたい。

話を戻すが、「北回りルート」は確実にあったはずだ。にも関わらず、ゲノム解析の結果は、現在の東アジア人の形成につながる「南回りルート」があった証拠は示すものの、「北回りルート」が東アジア人の形成に影響した痕跡は、現代人のゲノムには、極めて希薄なのだ。

例えば、国際ヒトゲノム機構（Human Genome Organization: HUGO）のパン・アジアSNP

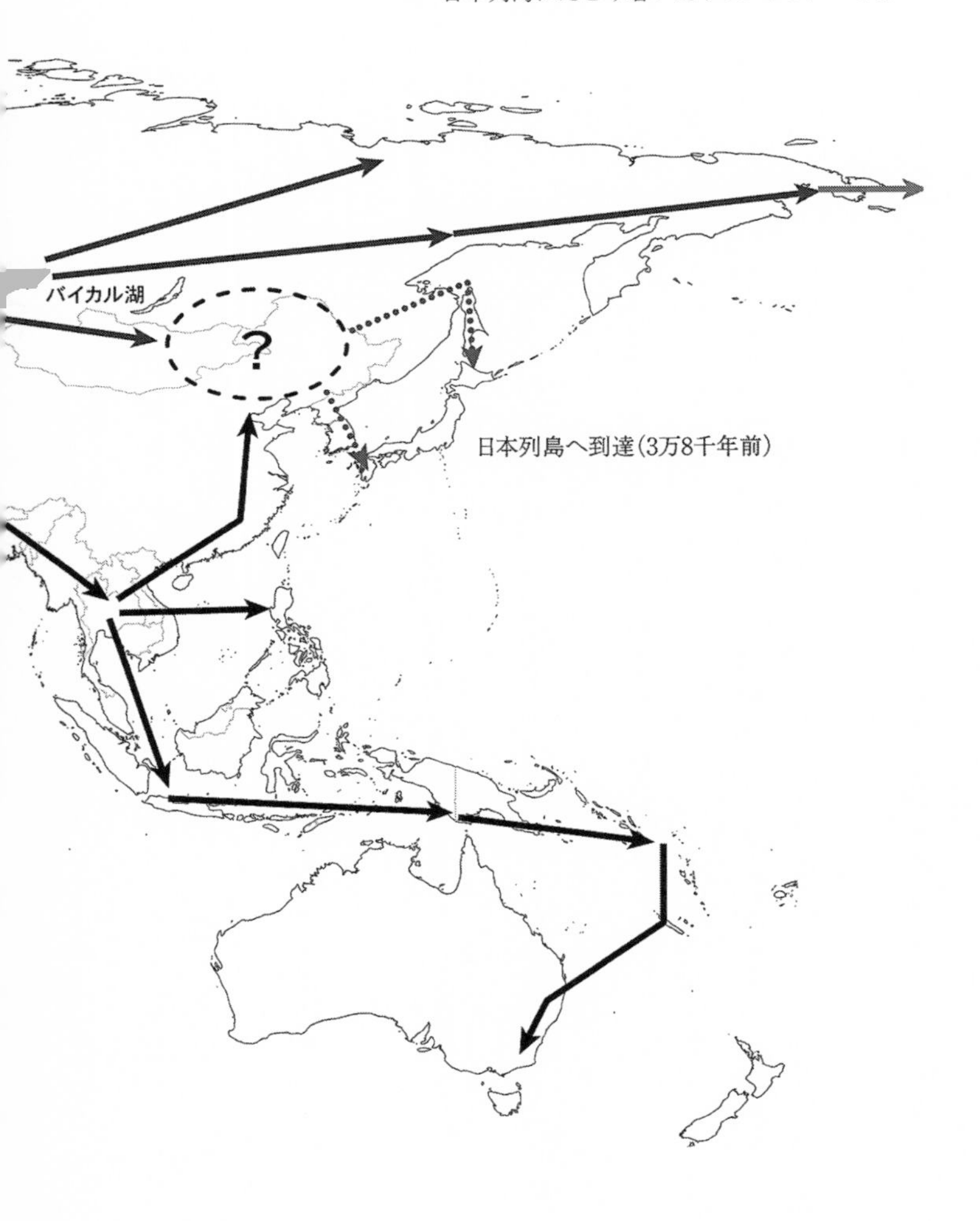
バイカル湖
?
日本列島へ到達(3万8千年前)

図23　「南回り」「北回り」の二つのルート

コンソーシアム（Pan-Asian SNP Consortium）という組織が二〇〇九年に*Science*誌に発表した『アジアにおけるヒト遺伝的多様性地図の作成（原題はMapping Human Genetic Diversity in Asia）』では、アジア七三集団からの一九二八人のゲノム網羅的ＳＮＰを分析した。すると、インドの人々から、大雑把にいってマレーシア、インドネシア、フィリピン、タイの人々、つまり東南アジアの人々が枝分かれし、続いて中国、韓国、日本の人々、つまり東アジアの人々が枝別れする系統樹が描かれた。これは、つまり「南回りルート」で東アジアの人々が形成されたことを示している。この石器の証拠と、ゲノムが描く系統図の矛盾が、サピエンスの東ユーラシアへの移住史における「謎」なのだ。

縄文人のゲノム配列を読む

縄文人ゲノム解読を進めることに決めた私たちは、ともかくDNAの残存量の多い縄文人骨を見つけることを目指した。その中心的役割を担ったのは、当時、日本学術振興会の特別研究員として私の研究室のメンバーに加わった覚張隆史（現・金沢大学）だった。

十体の縄文人骨

古代ゲノム解析には、まずそのソースとなる人骨試料が不可欠だ。愛知県の渥美半島にある保美（ほび）貝塚遺跡の発掘調査をおこなっていた、当時は国立歴史民俗博物館にいた山田康弘（現・東京都立大学）から、この保美貝塚から出土した縄文人骨六体の主に歯牙を私たちは譲り受けた。また、並行して、長崎大学の弦本敏行らが保管していた大分県枌（へぎ）洞窟出土の縄文人骨四体からの歯牙も譲り受けた。

覚張は、これら一〇体の試料からDNA抽出を試みた。ガンバ法という限外濾過法の一種で、古代ゲノム解析にNGSが使われるようになってから開発され、広く使われるようになったDNA抽出法をベースに、条件検討が進められた。

シークエンシング戦略　最適な条件の下で抽出したDNAからNGSライブラリーを作成し、比較的安価な試薬でシークエンスが可能な汎用型のNGSであるMiSeq（Illumina社）にかける。この行程をプレ・スクリーニングと呼んでいる。これで得られる配列はリード（read）と呼ばれ、一〇〇文字に満たない短いものである。これを *in silico*（イン・シリコ：コンピュータを使って、という意味）でヒトゲノム参照配列にマップする。マップするとは、同じ文字列（もしくはほぼ同じ文字列）のところに貼り付けることを言う。

なぜプレ・スクリーニングをするのかというと、最初に述べたように、ともかくDNAの残存量の多い縄文人骨を見つけるためである。

生きているヒトのDNAを調べようとするとき、普通は血液を使う。血液の中のDNAは九九・九％が本人のDNAである。もしかしたら、ウイルスなどの病原体のDNAが検出されるかもしれないが、それはごくわずかである。唾液からもDNAを取ることができる。しかし、唾液の中には本人のDNA以外に食べ物やバクテリアのDNAも含まれている。ただ、血液を採取するより、唾液を採取する方がＤＮＡを提供する人に負担がかからない。これを非侵襲的という。ＤＮＡを採取する際、その材料を得るのに、採血するより唾液を採取する方がより非侵襲的と言える。

ところが、古い人骨の場合、得られるＤＮＡの絶対量が少ないだけでなく、得られたＤＮＡの中に含まれているヒト由来のＤＮＡの割合も極めて少ない。多くの場合、得られたＤＮＡのたった一％がその骨片に残っていた本人のＤＮＡで、残りの九九％は細菌やカビなど、その古人骨が埋まっていた土壌など周囲の環境にいる微生物のＤＮＡである。

本人のＤＮＡが一％ということは、血液から得られるヒトＤＮＡ量の一〇〇分の一だ。そうすると、いま生きているヒトの血液から得られたＤＮＡを使ってＮＧＳでゲノム解読をするのに比べて、単純に計算しても一〇〇倍の分析費用がかかってしまう。もちろん、いま生きているヒトのゲノム配列と同等のクオリティーを得るには、という話であるが、それでも随分な負担になる。

わずかな残存ＤＮＡに泣く

私たちが縄文人ゲノム解読をはじめた頃、生きているヒトの全ゲノム解読が約三〇万円くらいであったので、縄文人骨に残っているＤＮＡが、仮に一％だとしたら、単純に三〇〇〇万円かかってしまう計算だった。

つまり、プレ・スクリーニングは、できるだけＤＮＡ残存率の高い試料を選び出し、研究費用のコストを下げる目的でおこなうのである。

覚張は一〇検体の縄文人骨試料からDNAを抽出し、プレ・スクリーニングをおこなった。その結果、一個体を除いて全てが一％以下のマップ率、平均して〇・二九％の低いDNA残存率であった。例外的に一・六〇％のマップ率であった一個体とは、枌洞窟から出土した、覚張がHG02と名付けた個体であった。ただ、残念ながらHG02のDNAは、さらなるNGS解析に耐えうるクオリティーではなかった。

さらなるNGS解析とは、プレ・スクリーニングでDNA残存率の高い試料を選んだ後に進むステップだ。プレ・スクリーニングでは、MiSeqという比較的安価な汎用性NGSをもちいるが、次のステップであるディープ・シークエンシング（deep sequencing）では、Illumina社の上位機種、HiSeqシリーズやNovaSeqを使うことになる。この段階を「深読み」と呼んでいる。

前述のように、日本列島の土壌は酸性土壌で、しかも温暖湿潤な気候のため、特に本土（本州、四国、九州）では骨そのものが残りにくい。仮に骨が残ったとしても、骨や歯牙の組織の中にわずかに残っていることが期待されるDNAも、残りにくいのである。一〇検体をスクリーニングして、最大で一・六〇％のDNA残存率で、しかし、そのクオリティーが低いことがわかった私たちは、少し失望した。

そんな中、保美貝塚を発掘していた山田康弘が、保美貝塚のある愛知県田原市の教育委員会の増山禎之から別の遺跡の二検体の試料を私たちに提供してもらえる話を持ち込んでくれた。

伊川津貝塚の二体

保美貝塚から田原街道を自動車で一〇分ほど東へいった場所に伊川（いかわ）津（づ）貝塚遺跡はある。伊川津明神社を中心とした東西四八メートル、南北二四メートルほどの拡がりをもつ縄文後期～晩期の大規模の遺跡である。叉状研歯（さじようけんし）といって、切れ目を入れられた前歯をもつ個体が見つかったので有名な遺跡だ。

大正以来、東京帝国大学の小金井良精や京都帝国大学の清野謙次によって、たびたび発掘がなされてきたが、二〇〇八～二〇一三年、増山禎之らが、この神社の周辺、比較的広い範囲の四地点ほどを新たに発掘した。二〇一〇年に神社の前を通る細い道路のマンホール周辺を発掘した際、四体の成人と一体の幼児、一体の年齢不明の子供の骨が発見された。

そのうち二体は、少し不思議な状態で見つかった。壮年期の成人女性とみられる骨の胸から腹にかけて、年齢不明の子供の骨が載った状態で出土したのだ。しかも成人女性の首から頭にかけて赤い顔料のようなものが撒かれており、五貫森式（ごかんもり）と呼ばれる典型的な縄文土器が頭部に接するように発見された（図24）。

何か特別な関係の二人が、特別な死に方をしたのか？　現代の私たちには想像の域を超

図24　伊川津貝塚の縄文人骨出土状況（上）と分析作業（下）（撮影：増山禎之）

えている。ともかく、この二体の試料を私たちは譲り受けた。覚張は子供の骨にＩＫ００１、成人女性の骨にＩＫ００２と試料ＩＤを付けた。ＩＤというと味気ないが、私たちにとっては、素敵な愛称となった。

ＤＮＡ抽出を抽出したところ、ＩＫ００１のマップ率は〇・一四％と低かった。つまり、得られたＤＮＡの〇・一四％が、この子供の骨由来で、九九・八六％が微生物など、他の生物由来のＤＮＡであった。これでは深読みに持ち込むことは難しい。が、しかし、ＩＫ００２のそれは二・五〇％と、これまでのどれよりも高いヒトＤＮＡ残存率を示した。私たちは、ＩＫ００２を「チャンピオン試料」

と呼んで、これの深読みにとりかかった。

デンマーク―日本の共同研究

私の研究室でポスドクをしていた松前ひろみ（現・東海大学・助教）は、彼女が私の研究室に参加する以前に、国際学会かなにかのおり、海外の旅先で、たまたまコペンハーゲン大学のエスケ・ヴィラースレウと知り合い、友人になっていた。本章の最初の方で登場したエスケである。彼はグリーンランドの四〇〇〇年前のヒトの髪の毛から高カヴァレジのゲノム解読を発表して、古環境ゲノム解析からヒトの古代ゲノムにも研究の幅を拡げて、既に一流誌に多くの論文を発表していたスター・サイエンティストだ。

私たちのグループが縄文人ゲノム解読を進めているさなか、松前は私に「エスケが太田さんに会いたがってますよ」という話を持ってきた。そんなわけで、私とエスケは、新宿のホテルのラウンジで落ち合い、会合する機会を得た。

はじめて会ったエスケは、「バイキングの末裔」という私の勝手なイメージに反して、思いのほか穏やかな話し方をする好人物だった。北東アジアのヒト集団に興味をもっていると、エスケは私に話した。ユーラシア大陸の東端のヒト集団の形成史を明らかにするには、縄文人のゲノム情報が是非必要だ、という意見で一致した私たちは、縄文人ゲノム解読で共同研究を進めることにした。

縄文人ドラフト配列を目指す

日本の研究者の多くは、文科省の外郭団体である日本学術振興会の運営する科学研究補助金（通称・科研費）によって研究を進めている。私たちの縄文人ゲノム解読も、私や山田康弘が代表者を務める科研費を元手に進めていた。さらに、文科省が直接ハンドリングしている『先進ゲノム支援』の援助も得ることができて、シークエンシングを加速することができた。と同時に、NGSライブラリーの一部をコペンハーゲン大学のエスケに渡し、並行してシークエンシングをおこなうことにした。

IK002は私たちが集めた試料の中では、DNA残存率のチャンピオンであったが、それでもマップ率はたった二・五％だった。つまり、残りの九七・五％は、IK002の骨の中にいた微生物などヒト以外のDNAだった。なので、エスケからの共同研究の提案は、とてもありがたかったし、二つの場所で独立してデータを出し、互いに結果を確認し合うという意味でも、重要であった。

二〇〇一年に発表されたヒトゲノムのドラフト配列、あれに当たるものを目指そう、と私たちの縄文ゲノム解読チームは考えた。前に話したように、全ゲノムを一回読んだくらいの精度のものをドラフト配列という。私たちは、縄文人のドラフト（草稿）ゲノム解読を目指した。

ＩＫ００２のディープ・シークエンシング（深読み）が進み、そのリードをコンピュータの中でヒトゲノム参照配列に貼り付けていく作業が進められていった。そして、最終的に一・八五ｘカヴァレジのドラフト配列ができあがった。一・八五ｘカヴァレジとは、平均して二回は読んでいない、でも、一回以上は読んだ全ゲノム配列という意味だ。この全ゲノム情報をもちいた次の解析に進んだ。

日本とコペンハーゲンとのやり取りは、基本的に電子メールで行ったが、議論が必要な時は、いわゆるビデオ会議システムを使いオンラインでおこなった。二〇一九年にコロナ禍に入ってからは当たり前になったオンライン会議であるけれど、その数年前のことで、Ｚｏｏｍではなく、当時はＳｋｙｐｅを使っていた。

エスケらは、既に北東アジアの古代ゲノム情報を豊富にもっていた。なので、覚張は、それらのデータを使って、解析を進めることができた。エスケは、エスケの研究室の准教授で、北東アジア・東シベリアの古代ゲノム解析を手がけていたマーティン・シコラを私たちのプロジェクトに参加させた。そして、最初にできあがってきた系統樹は、ある意味で私たちの予想通りのものであった。ＩＫ００２は、現代の東アジアや北東アジアの人々と系統樹の中で、きれいにクラスターを形成していた。

私は、この結果を当時は国立科学博物館にいた海部陽介に私信として見てもらい、意見を求めた。海部は、この系統樹を見て、ＩＫ００２が北回りの経路を通って東ユーラシアへやってきた人々の系統に連なる可能性を表していることを指摘した。ただし、この系統樹には東南アジアのヒト集団が含まれていない点が落ち度ではないか、とも指摘した。北と南、両方の集団をまじえて解析し、それでもＩＫ００２が北に含まれるならば、それは北回りルートの証拠と言える。でも、いま目の前にある系統樹の中には、東ユーラシア大陸の北の方に住んでいるヒト集団は十分多くふくまれているものの、東南アジアの集団は、ほとんど入っていないではないか。

思い込みに気付きコペンハーゲンへ

確かに私たちは先入観に囚われていた。現代人のゲノム情報から描かれる東ユーラシアのヒト集団の歴史は、東南アジアから東アジア、北東アジア、アメリカ大陸へ、拡散していくシナリオしか存在しないことは以前にも述べた。しかし、考古学のデータは、縄文人が北回りの集団と文化的に深くつながっていることを示している。なので、覚張も私も、ＩＫ００２の出自を探る目的で解析を進めるにあたり、東アジアから北東アジアにかけてのヒト集団との比較しか考えていなかった。マーティンも同様だった。しかし、海部が指摘したように、この点、先入観に囚われた比較対象のチョイスをしていた。

どうしても改善しなくてはならない。これをエスケとマーティンに的確に伝えるにはオンライン会議ではダメだと考え、急遽コペンハーゲンへ飛んだ。

コペンハーゲンに着くとさっそく、いったいなぜ、縄文人のゲノム解読が重要なのか？に立ち返って私たちは意見を交わした。東ユーラシアへのヒトの拡散は、南と北のルートが考えられること。そして、考古学の証拠は北ルートの重要性を示しているが、現代人のゲノム情報は南ルートしか示していないこと。したがって、私たちの解析には、東南アジアのヒト集団のゲノム情報を加えることが重要であること。これら検証すべき点について私は、エスケの研究室の壁に掛かっていた黒板に、子供が描いたひしゃげたアンパンのようなユーラシア大陸を描いて、そのユーラシア大陸をバンバンと手で叩きながら力説した。

日本へとんぼ返りしてしばらくすると、エスケからメールが届いた。私（エスケ）のグループでは、別プロジェクトとして、東南アジアの古人骨ゲノム解析を進めている。そのデータがまとまった。ついては、ＩＫ００２のデータもこの論文原稿に入れて出版しないか、という内容だった。

南or北ルートの鍵を握る

東南アジアの少数民族

もともとエスケたちの東南アジアの古人骨ゲノム解析は、私たちとの縄文人ゲノム解読とは、別のプロジェクトとして進められていた。しかし、私がコペンハーゲンを訪れ、東南アジアのゲノムが問題解決の鍵をにぎることに納得したエスケたちは、ＩＫ００２のゲノム情報を東南アジア古人骨のゲノム情報と混ぜて、あらためて解析をおこなった。すると、驚くべき発見があった。

エスケたちは、東南アジアから出土した二五体の古人骨のゲノムを比較的薄く読んでいた。この研究プロジェクトでエスケらが目指したのは、縄文人とは関係の無いテーマで、東南アジアのヒト集団の形成史における、二つの仮説を検証することだった。

ホアビニアン文化という狩猟採集民の文化が、東南アジアの大陸部に約四千年前まで存在した。現在も東南アジアには、狩猟採集民が少数民族として生活している。

私は大学院生だったころ（一九九〇年代前半）、当時、東京大学の助手であった石田貴文（現・東京大学・名誉教授）にマレー半島のジャングル（行政区としてはタイ王国トラン県）に連れていってもらい、マニ（Maniq）族という狩猟採集民に会いにいったことがある。

かつては、セマン（Semang）族とかサカイ（Sakai）族と呼ばれたが、それらの呼び名は差別的なニュアンスを含むため、現在は彼らが彼ら自身を呼ぶ呼び名であるマニ族という呼称が普通だ。

ちなみに、映画『風の谷のナウシカ』にも「マニ（Mni）族」が登場するけど、たぶんあれはこのマニ族とは関係ない。トラン県の「マニ（Maniq）族」は、一般に肌の色はチョコレート色で、何も知らない日本人が突然彼らと出会ったら、アフリカ大陸出身の人と勘違いするだろう。

マニ族は、地元ではオラン・アスリ（Orang Asli）の一つとして数えられている。「オラン・アスリ」はマレー語で「最初の（asli）人（orang）」を意味する。マレー半島のジャングルに住むマニ族は、アンダマン諸島に住むオンゲ（Önge）族の人々や、フィリピンのネグリトと呼ばれる人々と同様、東南アジアに最も古くから住んでいる人々（こういう人々を基層集団という）と考えられている。

マニ族はホアビニアン採集狩猟民の直接の子孫と考えられている人々で、もちろんタイ王国の中で少数民族だ。タイ、ベトナム、ラオスあたりは、農耕民が人口の大半を占めている。この言い方は少し語弊があるので付け加えるが、タイ北部の山岳地帯には、焼き畑農耕を営むアカ族、リス族、ラフ族、カレン族などが住んでいる。彼らは人口比で言えば少数民族である。こうした焼き畑農耕民とは別に、水田農耕を営む多数派農耕民が住んでいる。

ツー・レイヤー仮説

東南アジア大陸部のヒト集団の形成史に関して、二つの仮説がある。一つは「ワン・レイヤー仮説」というもので、もう一つは「ツー・レイヤー仮説」という（図25）。

ここで言う「レイヤー」は「layer（層）」なので、「単層仮説」「二層仮説」という意味である。「ワン・レイヤー仮説」によると、新石器時代のホアビニアン文化をもった狩猟採集民が、現在のマニ族などの狩猟採集民の直接の祖先であり、東南アジアの農耕民は、新石器時代の狩猟採集民の一部が、農耕民に転じたと考える。

これに対し、「ツー・レイヤー仮説」では、現在の狩猟採集民が、ホアビニアン狩猟採集民の直接の子孫であることに違いはないが、農耕民は、現在の中国南部の農耕民が南下して、タイ、ベトナム、ラオスなど、東南アジアの大陸部に入って来た人々だと考える。

つまり、東南アジアの農耕を担った人々が、ホアビニアン狩猟採集民の直接の子孫か、あるいは移住者か、という問題で、これは少し日本列島の二重構造モデルと似ている。

エスケたちが出した東南アジアの二五体の古人骨（約八千〜二千年前）のゲノム解析データは、どちらかといえば「ツー・レイヤー仮説」を支持した。しかし、結果はそれほ

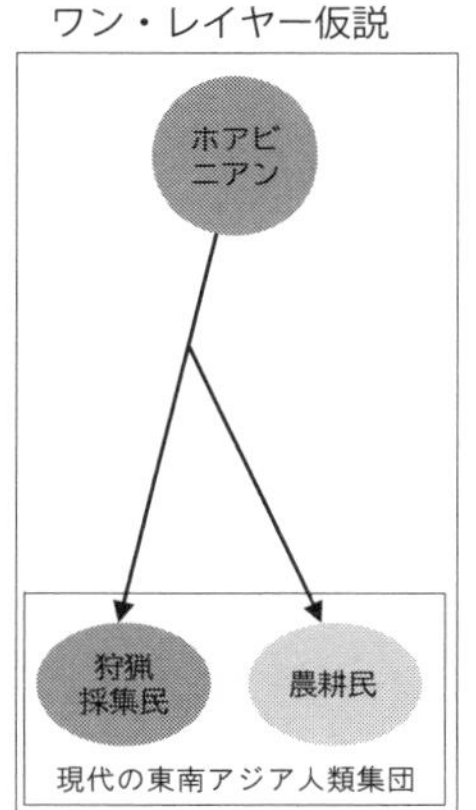

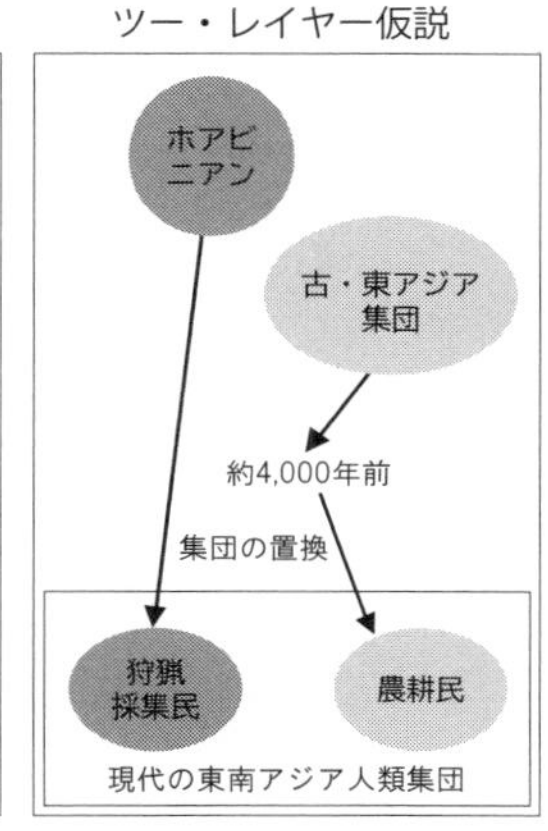

東南アジアの古人骨ゲノムを調べて明らかになったこと

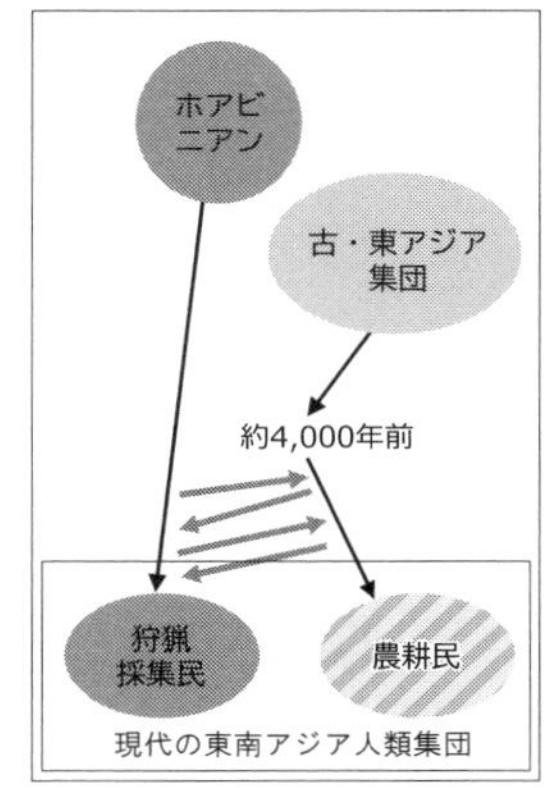

図25 「ワンレイヤー」「ツーレイヤー」概念図

ど単純ではなかった。現在の東南アジアの人々には少なくとも四つの祖先集団がいたことが推定された。その四つの祖先集団のうち、最も古いグループが、マニ族やオンゲ族が祖先を共有する層で、これがホアビニアン文化をもった人々だった。

この祖先集団の一部が北上し、現在の東アジア人の祖先となり、さらにその後、東アジア集団の祖先の一部が、約四千年前に南下して、現在の東南アジアの農耕民のもとになった。ゲノム解析結果が描くストーリーは、ここまでは「ツー・レイヤー仮説」に近いけれど、完全に集団の置換が起こったわけではなさそうであった。南下した人々は、既にそこに住んでいたホアビニアン狩猟採集民の子孫と頻繁に交雑を繰り返し、現在の東南アジアのヒト集団が形成された、というシナリオがもっともらしいシナリオと結論づけられた。

東南アジア古人骨とのつながり

驚くべき結果とは、ＩＫ００２が、この東南アジアで最も古いグループに含まれるラオスのファ・ファエン（Pha Faen）遺跡（約八千年前）から出土したホアビニアン文化を持つ古人骨（La368）とマレーシアのグア・チャー（Gua Cha）遺跡（約四千年前）の古人骨（Ma911）と遺伝的親和性を示したことだった。

アフリカ大陸に現在住んでいるヨルバの人々を外群とし、*f3*という統計量をもちいて、現在、東南アジアから東アジアにかけて住んでいる人々、そして、今回の東南アジアの古人骨とＩＫ００２を加えたゲノムデータセットの中で、La368 と Ma911 に遺伝的に近い順番に、ちょうどランキング形式で並べるようなに表示すると、東南アジアのより新しい古人骨を含むグループが上位三位までを占めたが、その次ぎの第四位に位置したのがＩＫ００２だったのだ。

約二千五百年前、三河湾に面した渥美半島に住んでいた、当時としては初老に近かったとみられる女性、覚張がＩＫ００２と名付けたこの女性は、約八千年前のラオスや約四千年前のマレーシアに住んでいたホアビニアン文化をもつ狩猟採集民と、現代の東アジアや東南アジアの人々と比較して、圧倒的に多くの遺伝的変異を共有していたのだ。

これは大きな発見だった。私たち日本側はエスケからの提案を受け入れ、この論文は『東南アジアの先史人類集団の形成（原題は The prehistoric peopling of Southeast Asia）』というタイトルで、二〇一八年七月六日 *Science* 誌に掲載された。

ＩＫ００２を主役に

縄文人のドラフトゲノム配列を世に送り出すという目標は達成されたが、私たちはＩＫ００２のゲノム解析を東南アジアの古人骨ゲノムとは独立しておこなっていたし、なによりもＩＫ００２を主人公としたストーリーを論文として出版したいと思っていた。

ＩＫ００２を主人公として検証すべき課題はたくさんあった。発掘状況の不可解さから、

ＩＫ００１や周辺から見つかった他の四体の人骨との血縁関係は、考古学的視点から極めて興味深いものであることは山田康弘が指摘するところであった。ゲノム情報をもちいて遺跡集団の血縁関係を推定することは魅力的だし可能であるが、一個体のＩＫ００２だけではその謎を解くことはできない。将来的に伊川津貝塚出土の他の人骨のゲノム解析をおこなって解決すべき課題だ。

また、ＩＫ００２と日本列島の現在住んでいる人々との関係を明らかにすることも課題の一つだし、さらにそもそもの問題、ＩＫ００２の祖先が北回りルートを通ってユーラシア大陸の東端にたどりついた人々だったのか、あるいは南回りルートを通って来た人々だったのか、を検証することが、すぐに取りかかるべき課題だった。

二体のホアビニアン狩猟採集民とＩＫ００２の遺伝的親和性は、ＩＫ００２の祖先がヒマラヤ山脈以南のルート通って東ユーラシアにたどり着いた人々であった可能性を強く支持していたが、決定的ではなかった。

ある一人の「私」の母方の系統の祖先はmtＤＮＡをたどれば過去に生きていた一人の女性にたどり着くことは既に述べた。同様に「私」の父方の系統の祖先はＹ染色体をたどることで一人の男性にたどり着く。しかし、これはあくまで、mtＤＮＡやＹ染色体の祖先だ。あとで詳しく述べるが、私たちのゲノムの大半を占める常染色体は、膨大な数の祖先からの寄せ集めでできている。

つまり、ゲノムからみたＩＫ００２の祖先は膨大な数に上るので、ＩＫ００２が新石器時代のホアビニアン狩猟採集民と多くの遺伝的変異を共有していたとしても、それが全てではない。北回りルートか、南回りルートか、という視点に立って、さらに詳細な解析をする必要があった。この詳細な解析は、覚張とマーチン、そして中込滋樹（ダブリン大学トリニティー校）が中心になって進めた。

現代の日本列島に住む人々と縄文人

二〇一七年に神澤秀明（国立科学博物館）を筆頭著者として斎藤成也（国立遺伝学研究所）と篠田謙一（国立科学博物館）のグループが、福島県の三貫地（さんがんじ）貝塚遺跡から出土した縄文人骨（Sanganji131464）から抽出したＤＮＡをＮＧＳにかけてゲノムを読んで論文として発表していた。公表されたデータなので、そのデータを使うことも可能だけれど、しかし、三貫地のデータは部分ゲノム解読であったため、私たちがコンピュータの中でやろうとしていた解析に含めることは困難であった。

そんな中、二〇一九年に同グループが読んだ北海道の礼文島にある船泊遺跡から出土した縄文人骨二体（Ｆ５、Ｆ23）のゲノム解読の論文が、*Anthropological Science* 誌に発表された。この二体のうちＦ23は高精度な完全ゲノム配列であったので、私たちの解析に含めることができた。

神澤らは二〇一九年の論文で、ゲノムから抽出したSNP情報にもとづく主成分分析のプロットにおいて、四体の縄文人が現代日本人の塊（クラスター）から離れた位置に、かたまってクラスターを作っている図を示していた。これは、現代の日本列島に住む人々を多様性と比較した場合、縄文人どうしが互いに遺伝的に近いことを示唆している。私たちがおこなった主成分分析でも、F23とIK002は、プロット中で近接していた。神澤らの*f4*という統計量を使った解析では、F23とIK002は世界中のあらゆる集団と同程度の遺伝距離を示したが、唯一、北海道のアイヌの人々だけ、違っていた。北海道縄文人であるF23は本州縄文人であるIK002より北海道アイヌに近かった。

私たちは*ADMIXTURE*という手法で解析を行った。この解析では祖先集団の数を変数Kとして与える。K＝2の場合、対象とするある個体のゲノムが、二つの祖先集団を何%ずつで構成されているかが推定される。例えば、Aという祖先集団の要素が二〇%で、Bという祖先集団の要素が八〇%、という具合だ。私たちは現代の東南アジア、東アジア、北東アジアなどに住んでいる人々のゲノム情報とともにIK002の祖先要素を調べた。祖先集団の数を少しずつ増やしていって、九集団あったと仮定した場合（つまりK＝9としたとき）、IK002にユニークな祖先要素が現れた。最終的に一五集団あったと仮定した場合、この祖先要素は、既に国際DNAデータベースに登録されている現代の北海道アイヌの人々のゲノムと七九・三％を共有していた。一方、本州に現在住んでいる人々のゲノムとは九・八％を共有していた。

つまり、神澤らと私たちの解析では、北海道の縄文人と本州の縄文人が、ともに北海道アイヌと強い遺伝的親和性を示していた。これは、埴原の二重構造モデルの二つめで言っている「アイヌは縄文人の直接の子孫である」という部分を強く支持する。また、現代の本州の人々のゲノムのうち一〇～二〇％が縄文人に由来するという点でも、一致していた。これは埴原の二重構造モデルの四つめで言っている「本州では渡来人の遺伝的貢献の程度が高い」という部分も強く支持している。

東ユーラシアを北上した人々

私たちは *TreeMix* という解析プログラムをもちいて、世界中の多くの集団を含めて、系統樹を作成した（図26）。このプログラムでは、集団の系統樹を最尤法（さいゆうほう）という統計手法にもとづいて作成するのだけれど、その際、集団と集団の間での交雑の回数（m）を仮定することができる。例えばm＝1の場合、対象としている集団全ての組み合わせの中で、どれかとどれかの集団の間で一回交雑が起こったことを仮定して系統樹作成をおこなう。データが有意な交雑の可能性を示唆すると、系統樹の中で、ある集団からもう一つの集団へ矢印が現れる。矢の向きは、交雑

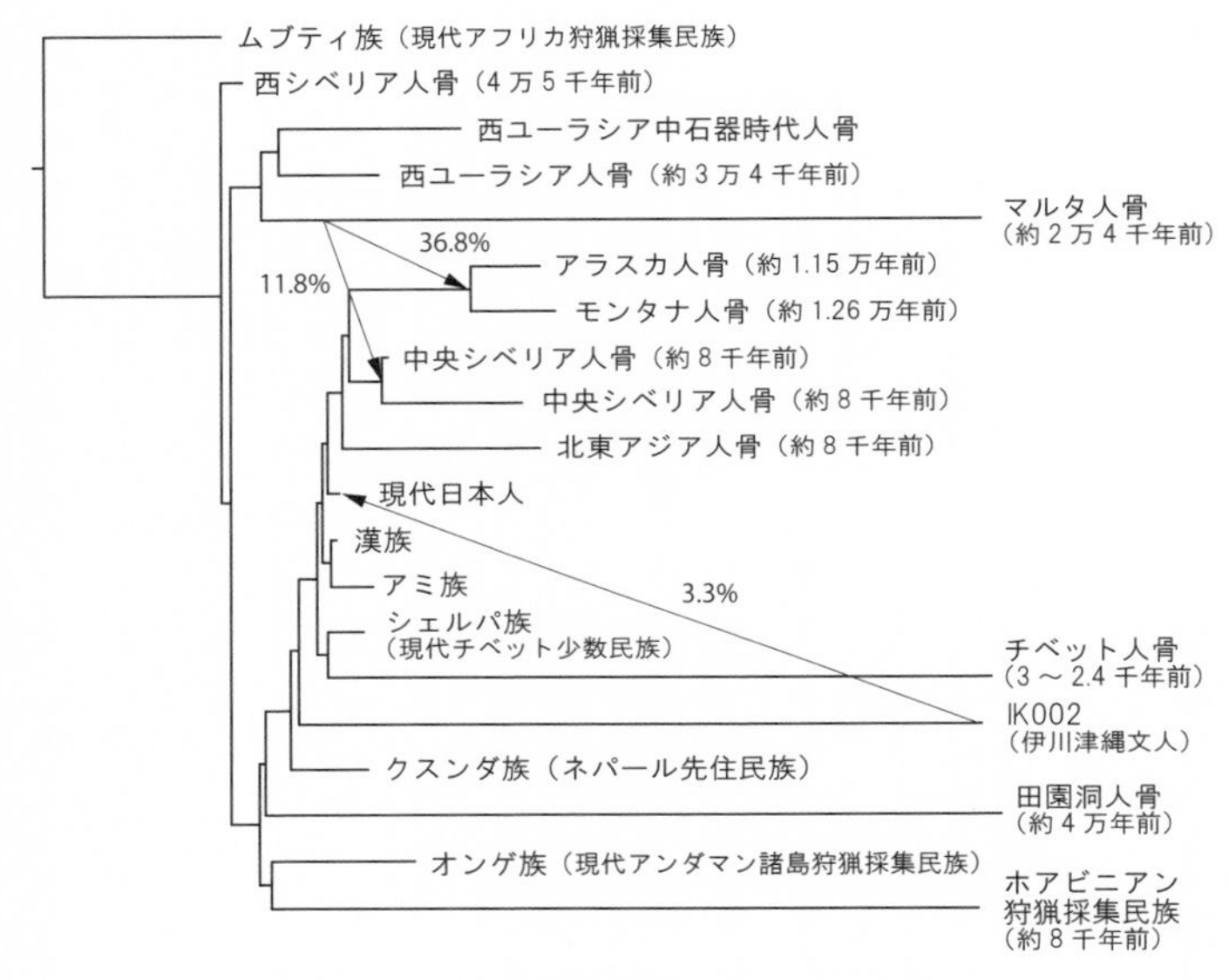

図26　Treemix系統樹（Gakuhari et al. 2020）

の際の遺伝子流動（gene flow）の方向を（あまり当てにならないが）示す。

変数mは、任意に決めることができる。一般に、過去に起こった交雑の回数は予測できないので、たくさんのmについて計算を繰り返してみる。仮定する交雑の回数を1、2、3……と変化させていくと、系統樹のトポロジー（枝の付き方）も若干変化する。mの数を増やしても、トポロジーがあまり変化しなくなったところで、安定したと考え、計算を収束させる。

こうして私たちのデータセットをもちいて作成した系統樹は、現代の東アジアや北東アジアの人々、それにアメリカ先住民も、東南アジアのヒト集団から分岐してきたことを示していた。

樹（tree）の根にムブティ族という現代のアフリカ大陸の集団を置き、最初に分岐するのはウスチイシム人骨（約四万五千年前）である。ウスチイシムの古人骨は、ヨーロッパ大陸と東ユーラシア大陸のヒト集団が分岐する以前の集団と考えられるゴースト集団（過去に存在したけれど、現在は存在しない集団）である北西ユーラシア基層集団に属していたと考えられている。

この分岐の後、バイカル湖近くのマルタ遺跡から出土した約二万四千年前の人骨（MA－1）を含む後期旧石器から中石器時代のシベリアの古人骨がクラスターを作って他と分岐した。このクラスターが、ヒマラヤ山脈以北のルートを通って、ユーラシア大陸を東へ進んだ集団と考えて間違いない。

このシベリアのクラスターが分岐したもう一方の枝は、東南アジア、東アジア、北東アジアの人々とアメリカ先住民が含まれ、この順番で枝分かれしていく。つまり、北回りの集団と分岐したあと、南回りでユーラシア大陸の東側に到達したサピエンスは、東南アジアの大陸部から北上し、東アジアで留まったもの、北東アジアで留まったもの、アメリカ大陸へ到達した人々がいたということを表す樹である。

この樹には、現代だけでなく古代試料からのゲノムも含まれているので、アメリカ先住民も含めて、これらは南回りでユーラシア大陸の東側に到達し、東ユーラシアを北上した集団であったことは、かなり確からしいと考えられる。ただし、あとで詳しく述べるが、中央シベリアの新石器時代初期の古人骨だけでなく、アラスカと北アメリカの後期旧石器時代の古人骨にも、マリタ遺跡のMA‐1から矢印が引かれていた。北回りの人々のゲノムが、シベリアの人々やアメリカ先住民には、かなり流入したようだ。

伊川津女性の祖先

ゲノム情報を基礎に北回り、南回りルートという観点からユーラシア大陸とアメリカ大陸のヒト集団を論じた論文は、これまでなかったが、ここまでの解析結果は、既出のデータから先行論文でも記されていたことだった。私たちの関心は伊川津女性ＩＫ００２であった。ＩＫ００２は、北回りルートのクラスターではなく、南回りルートのクラスターに含まれていた。

驚かされたのは、その分岐の古さであった。南回りルートと思われるクラスターは、最初、ラオスのホアビニアン古人骨と現代のオンゲ（Önge）族を含むクラスターが分岐する。残りの塊（クラスター）で最初に分岐するのは北京近くの田園洞遺跡から出土した約四万年前の古人骨で、その次に分岐するのはネパールの少数民族であるクスンダ族であった。クスンダ族はネパールの先住民と考えられており、私たちの解析では東ユーラシアの現代ヒト集団の中で、オンゲ族の次に古く分岐していた。そして、その次にIK002が分岐した。

チベットの現代の少数民族であるシェルパ族や、やはりチベットの約三千年前の古人骨、日本列島の本州人や漢民族、台湾のアミ族など現代の東アジアの人々、中央シベリアの新石器時代初期の古人骨、アラスカと北アメリカの後期旧石器時代の古人骨は、全てＩＫ００２よりも内側で分岐した。つまり、現代チベット人と東アジア人、そしてアメリカ先住民が、それぞれ分岐する以前に、ＩＫ００２の祖先は分岐していた。先行研究でのデータを考慮して、ＩＫ００２の系統は、少なくとも二万六千年前ごろより以前に分岐したと推定された。

ゲノムは膨大な数の祖先からの寄せ集め

先ほども言いかけたけれど、私たちのゲノムの大半を占める常染色体は、膨大な数の祖先からの寄せ集めでできている。

理論上、私のｎ世代前には二のｎ乗人の祖先が存在する。難しい話ではない。例えば、私の一世代前は二の一乗人だ。つまり私の母親と父親である。その両親にも両親がいるので、二世代前には二の二乗＝四人いる。それぞれの祖父母である。ここまでは実感として全く問題なく受け入れられるだろう。さらにその前、三世代前には二の三乗＝八人、四世代前には二の四乗＝一六人の祖先がいる。五世代前には二の五乗＝三二人。一世代を三〇年と仮定すると、五世代前とは約一五〇年前だ。ちょうど明治のはじめにさかのぼると、私にとっては三二人の祖先がいたと推計される。

これはあくまで理論上の数字で「数世代前にさかのぼると親戚だ」という人と結婚したりすることは、特に都市部ではない地方の地域では頻繁に起こるので、実際はもっと祖先の人数は少ない。が、私のゲノムは最大で三二人から少しずつ受け継いでいる。少しずつ、である理由は、第二章でお話したように、常染色体では組み換えが起こるからである。そして、場合によっては、本当の祖先であるにも関わらず、たまたま、その人から私は一切ゲノムを引き継いでいない場合もありえる。

こうした事例はいまあまり考えないこととして、ゲノムから見た祖先とは誰かということをもう少しお話したい。例えば、北部九州地方で弥生時代が始まったとされる三千年前には、一〇〇世代前なので、その頃までさかのぼると私の祖先は2^{100}人いたことになる。2^{100}とは天文学的数字で、現代の地球上の人口よりはるかに多くなってしまうので、現実的ではない。上記のように、これはあくまで理論上の話であるが、ここで言いたいことは、ゲノムから見た場合、私の祖先は一人や二人ではなく、相当な数に上るということだ。私のゲノムは、多くの祖先のゲノムの寄せ集めでできている。

前節まで見てきた系統樹データは、全ゲノム情報の要約である。つまり、大雑把にＩＫ

002のゲノムの要素は南回りだと説明できると述べているに過ぎない。仮に北回りで東ユーラシアにたどり着いた人々と、南回りの人々が、東アジアか北東アジアで出会って、交雑したとすると、その子孫がIK002の場合、IK002には北回りルートの人々のゲノムの一部を見つけ出すことができるかもしれない。

北からのゲノムの流入を探す

東南アジアから東アジアへ、さらに北東アジアへ北上した人々がいた。一方、ヒマラヤ山脈以北のルートを通ってユーラシア大陸の東側へやってきた人々もいた。IK002のゲノムに北回りルートの人々のゲノムの一部を見つけ出す方法として、「古代ゲノムが書き替えたサピエンス史」の章でお話した、ネアンデルタール人とサピエンスの交雑の証拠を示した際にもちいられたD検定という統計解析をもちいた。

ごく簡単に説明する。対象となる集団Xに対し、北回りルートの代表としてマリタ遺跡出土人骨であるMA-1をもちいた。MA-1からXへゲノムの一部が流入したか、どうかについて、Dの値で判断する。Dの値が統計学的に有意にゼロ「0」より小さい値（マイナスの値）になった場合、MA-1からXへゲノムの一部の流入があった、すなわち過去に交雑があったと判断できる。

対象となる集団Xには、東南アジアおよび東アジアからIK002を含む二六集団、北東アジア（東シベリアと言っても良い。おおよそアムール川以北の地域をここではこう呼んでいる）から一六集団を代入した。すると、北東アジアからの一六集団の場合、全てDの値はマイナスの値を示した。つまり、北回りルートの人々との交雑の証拠である。一方、東南アジアおよび東アジアからの二六集団は全てDの値はほぼゼロ「0」で。あった。つまり、北回りルートの人々との交雑の証拠は得られなかった。私たちのＩＫ００２についても同様だった。すなわち、統計学的に有意なＭＡ－１からＩＫ００２への遺伝子流動は、見つからなかった。

私たちはこれらの結果をまとめ『縄文人ゲノム配列解析は初期東アジア人類集団の移住を明らかにする（原題は Ancient Jomon genome sequence analysis sheds light on migration patterns of early East Asian populations）』というタイトルで *Communications Biology* という *Nature* 系の学術誌に投稿し、二〇二〇年八月にその学術誌で出版された。

整合性と不整合性

埴原の二重構造モデルと尾本と斎藤の修正モデル、そして篠田と安達の縄文人mtＤＮＡハプロタイプ分析の結果は、互いに微妙に矛盾があるように見えていたが、ＩＫ００２を主役として東ユーラシア大陸でのヒト集団の形成史を解析してみて、全てに整合性があるように思われた。

尾本と斎藤の修正モデルや篠田と安達の縄文人mtＤＮＡハプロタイプ分析で、アイヌの人々は、北東アジアの人々と遺伝的親和性を示していた。これは、埴原の「縄文人は東南アジア起源」と一見矛盾するようであったけれど、ゲノムを調べてみると、東アジア人も北東アジア人も南回りルートの人々の子孫と考えて矛盾しない結果が得られた。つまり、どちらも間違っていなかったのだ。

問題は、考古遺物から考えられるシナリオとのズレである。日本列島の後期旧石器時代から縄文時代に至る物質文化は、東南アジアよりも北東アジアの先史時代の文化と親和性を持っていることは既に述べた。現代の北東アジア人にはマリタ人骨ＭＡ‐１からの遺伝子流動が有意に見つかった。ところがＩＫ００２のゲノムからはそれが見つからなかった。ＭＡ‐１を北回りの代表と考えた場合、ＩＫ００２からは北回りの要素は見つからなかったのである。

結論が出たわけではない

ただ、注意したいのは、これで結論が出たわけではない、ということだ。そもそもＩＫ００２という本州のたった一人の縄文人女性から、たまたまＤＮＡが抽出できたというだけで私たちの解析は成り立っている。縄文時代は約一万六千年前にスタートし、約三千年前頃まで続いた。東北地方での縄文文化は約二千年前頃まで続いている。一万年以上の長い時間のほんの一瞬に生きていた一人の女性を縄文人の代表としてしまっては、彼女にとっても迷惑だろう。

もともと形態学的に縄文人は、日本列島のどの地域においても似ていて、比較的均質だという見方が一般的であった。ところが、東京大学の近藤修らが、全国の縄文人の骨標本を再調査したところ、頭蓋骨と下顎で地域差が認められ、その多様性について二〇一七年、*Anthropological Science* 誌に報告した。結論に到達するためには、それに日本列島の様々な地域の縄文人骨のゲノム情報を含めて解析することが不可欠だし、いま私たちが手にしている縄文人のゲノムは、伊川津にしても、船泊にしても、縄文後晩期で、比較的新しいので、より古い時代の縄文人骨の全ゲノム解析も是非とも必要だ。

それに、北回りルートのゲノムの代表として、マリタ遺跡出土人骨（MA-1）をもちいたが、これが本当に適切であったかどうか、分からない。MA-1は約二万四千年前にバイカル湖近くに住んでいた人だ。コペンハーゲン大学のエスケのグループは、二〇一四年にこのマルタ遺跡の古人骨ゲノムの論文を発表し、既にこの中で、MA-1のゲノムは、東アジアの人々には受け継がれていないが、北東アジア（東シベリア）の人々とアメリカ先住民には受け継がれていることを示した。私たちの解析結果は、D検定でこれを追試するものであったが、一方で、東ユーラシアから西へのヒトの移動があり、約二万四千年前のMA-1には既に南回りのゲノムが入っていた可能性が指摘されている。いまのところ、地理的にも時期的にもMA-1のゲノムしか使えるものがないので仕方がないが、近い将来、バイカル湖周辺の旧石器時代の発掘が進み、人骨が発見されることが期待される。その人骨のゲノム解析が成功したなら、ストーリーはガラッと変わる可能性だってある。

古人骨の頭蓋骨の形態データをもちいた東ユーラシアのヒト集団の系統関係を分析した札幌医科大学の松村博文の最近の研究では、フェニックス・ネットワークという系統樹の一種が描かれている。この系統ネットワークでは、まさに北回りルートと南回りルートを示すフェニックス（不死鳥）が大きく翼を拡げたような図が描かれている。では何故、IK002を含め、現代の東ユーラシアの人々のゲノムには、北回りのゲノムの痕跡が見つからないのか？

前述のように、仮に祖先に北回りルートの人がいたとしても、その子孫のゲノムにその痕跡が残らないこともある。祖先集団のサイズの問題かもしれないが、いまの段階では分からない。より複雑なモデルを立てて、今後さらなる検証が必要だ。

埴原和郎が縄文人の起源について「ルーツとルートは違う」という言い方をしたという話は前にもしたが、この点について補足的に述べておくと、IK002の祖先が東南アジアのヒト集団から非常に古い時代に分岐した、ということは、日本列島への移住ルートとは関係がない。私たちの解析は、ユーラシア大陸の東側に、ホモ・サピエンスがどのルートを通ってたどり着いたかをゲノムに残された痕跡から探ったが、どのルートで日本列島へ入ったかについては分析をしていない。それを論じるにはまだデータが足りないと考えるからだ。ＩＫ００２が南回りルートの系統であることは、南から（つまり琉球諸島から）入ったことを意味しない。

日本列島へどのルートからホモ・サピエンスが入ったか？　縄文人は後期旧石器時代の人々の直接の子孫なのか？　は、今後さらに検証すべき課題である。

古代ゲノム学はどこへ向かうのか?

デニソワ人の姿を復元する

新たな学問分野の成立

ここまで古代DNA分析の始まりから、メルクマールとなる研究論文を紹介しながら古代ゲノム情報によって書き替えられてきた人類史をお話ししてきた。初めは、ほんの短いDNA断片を剥製やミイラから取り出すことから始まった古代DNA分析が、ヒトゲノム解読の完了以降、急速に発展した次世代シークエンシング技術と連動し、古代ゲノム学として、この分野は著しく発展した。

まず明らかになったのは、ネアンデルタールとサピエンスの系統関係だった。両者は、約八〇万年前に共通祖先をもち、しばらくの間、おそらくお互いそれほど違いの無い間柄として存在し、五〇～六〇万年前に分岐、別々の道をたどった。しかし彼らは約五万年前、アフリカ大陸の外、西アジアあたりで再び出会った。再会した両者は交雑し、ネアンデル

タール は絶滅したものの、そのゲノムの一部は、サピエンスのゲノムの中に残った。ゲノム情報により発見された初めての人類であるデニソワ人も、彼ら自身は絶滅したが、ゲノムの一部を現代のサピエンスに伝えていた。

古代ゲノム学という新しい学問を学史的に見ると、ネアンデルタール人の完全ゲノム解読は、この分野の金字塔的成果と言えるだろう。しかし、科学全体から見れば、古代ゲノム学がスタート地点に立ったことを象徴するに過ぎないかも知れない。二〇〇三年にヒトゲノム解読完了の宣言に際し、*Nature* 誌に掲載された「End of the beginning／ここからが始まりだ」という言葉を思い出す。

ここからが始まりだ

ヒトゲノム解読完了がなされて以来、ゲノム研究はヒトとヒト以外の生物へ波及し拡大していった。ヒトに関する流れは、国際 HapMap プロジェクトなどSNPタイピングを基礎とする第一期の多様性解析と、その延長線上にある一〇〇〇人ゲノムプロジェクトなど全ゲノム配列決定にもとづく第二期のそれで、ともにヒトゲノム多様性解析に関するデータベースが整備されたことが大きな成果となった。

ヒト以外の生物に関するゲノム研究の流れは、家畜や栽培植物、ヒトの近縁種などのゲノム解読、さらには、腸内細菌叢のゲノムを解読するメタゲノム解読、環境DNAなどだ。

これら二つの流れは、ＮＧＳ技術の普及に伴って飛躍的な発展を遂げており、多彩で膨大なゲノム情報は、もはや医学・生物学の基盤となるインフラ的役割を担っている。そして、あらゆる研究分野との学術的な連鎖反応により、ゲノム医学・創薬へと発展していることは、ここであらためて語るまでもない。

本書では、人類に関する古代ゲノム学の成果を紹介してきたが、人類については、ネアンデルタール人ゲノム解読という分かりやすく目立った成果が上がったに過ぎず、他の生物でも数え切れないほど多くの古代ゲノム解析の論文報告がある。強調してお伝えしたいポイントは、ヒトに限らず、過去に生きていた生物のゲノムを解読するという「古代ゲノム学」という分野が、現在生きているヒトやヒト以外の生物のゲノム研究とパラレルな関係で、ここ一〇年ほどで飛躍的に進歩したという事実である（表2）。

さらに強調したい点は、海外では生物学のみならず、考古学や歴史学など、従来は人文系の学問と考えられてきた他分野へも、古代ゲノム学の影響は拡散し、既にいくつもの成果を上げている点だ。これらの成果については今後、場所を移して紹介する機会があればと思うが、古代ゲノム学の重要な流れの一つであり、遅かれ早かれ、この流れは、日本にも波及するだろう。

いうまでもないことであるが、古代ゲノム学に限らず、自然人類学を含む生物科学の発

表2　ヒト近縁種のゲノム解読の歴史

2001年	ヒト（ドラフト）
2003年	ヒト（完了）
2005年	チンパンジー
2007年	マカク
2010年	ネアンデルタール人
2011年	オランウータン
2012年	ゴリラ
	ボノボ

書影は *Nature* Vol.409, 6822（2001年2月15日）および *Science* Vol.291, 5507（2001年2月16日）。ネアンデルタール人の画像は復元模型（ウィーン自然史博物館所蔵，Photo by Jakub Hałun/CC-BY-SA 4.0）。

展は、人間の歴史そのものの見え方を変化させる。科学的進歩の影響が、思想や哲学にも及ぶことは、歴史的にごく常識的な流れだ。この流れを一般に読みやすい文体で解説した著作の一つがハラリの『サピエンス全史』だったのかなと私は考えている。

　私たちは、過去に生きていた人々のゲノム情報を手にして、次に何をなすべきなのか？　本章では、その問いに対するヒントとなりうる萌芽的研究について、いくつか紹介したいと思う。

「古代ゲノムが書き替えたサピエンス史」でもお話ししたように、「初期の猿人、猿人、原人、旧人、新人」という言葉は、国際的には使われてない日本独自の表現だ。本書では便宜的にネアンデルタール人のことを随所で「旧人」と呼んできた。あまり正式な表現ではないが、デニソワ人が発見されたこともあり、ホモ・サピエンス以前に存在した人類で、「原人」ではないホモ属のことを、まとめて「旧人」と呼ばれ、研究者の間では、この呼び名が聞かれない日がないくらいだ。

一方、海外の論文ではネアンデルタール人やデニソワ人のことを「古代型人類（archaic hominin)」と呼んだりしている。これも正式な分類名ではないけれど、もともと「旧人」に相当する言葉が欧米になかったので、彼らを総称する場合、「古代型人類」という言葉を使っている。

古代型人類とサピエンスの違い

その古代型人類とサピエンスは、どこがどれくらい違っていたのだろうか？　これも前にも述べたことであるが、解剖学的な違いの他に、両者には文化や言語と関連する脳のニューラルネットワークの違いがあった可能性が議論されている。これは、想像の域を出ないものの、捨てきれない可能性であり、その他の生理的な違いや、感染症への抵抗性など免疫力の違いもあった可能性が論じられている。

物質文化は、考古学的な研究によって追求されていくが、一方、こうした生物学的差違に関する研究は、従来は骨の形態学以外、進めようがなかった。しかし、古代型人類のゲノム情報が得られたことにより、これまでにないアプローチを取ることができるようになってきている。そうした新手法による研究は、スタートアップ的な成果を既にあげつつあり、今後その発展によっては、これまでに分かるはずがなかった事実が、急速に明らかになっていく可能性もある。

サピエンスの多様性

古代型人類とサピエンスの違いをゲノム情報からどのように調べていくのかをお話しする前に、そもそも、サピエンスの多様性は、どこまで分かっているのかについて、どうしても触れておく必要がある。

ひとことで言うと、ホモ・サピエンスの遺伝的多様性は、小さい。つまり、サピエンスの近縁種であるチンパンジー、ゴリラ、オランウータンなど類人猿に比べてサピエンスの遺伝的多様性は、相対的に、かなり小さい（図27）。どうやってこれを調べることができるかというと、たとえばこれら四種のゲノムのある特定の同じ領域について、一〇〇個体ずつシークエンスし、そのゲノム領域の配列を比較する。配列間での違いは数値化できるので、その数値を比較すると、同じ種内での違いは、四種の中で、サピエンスが圧倒的に小さい。

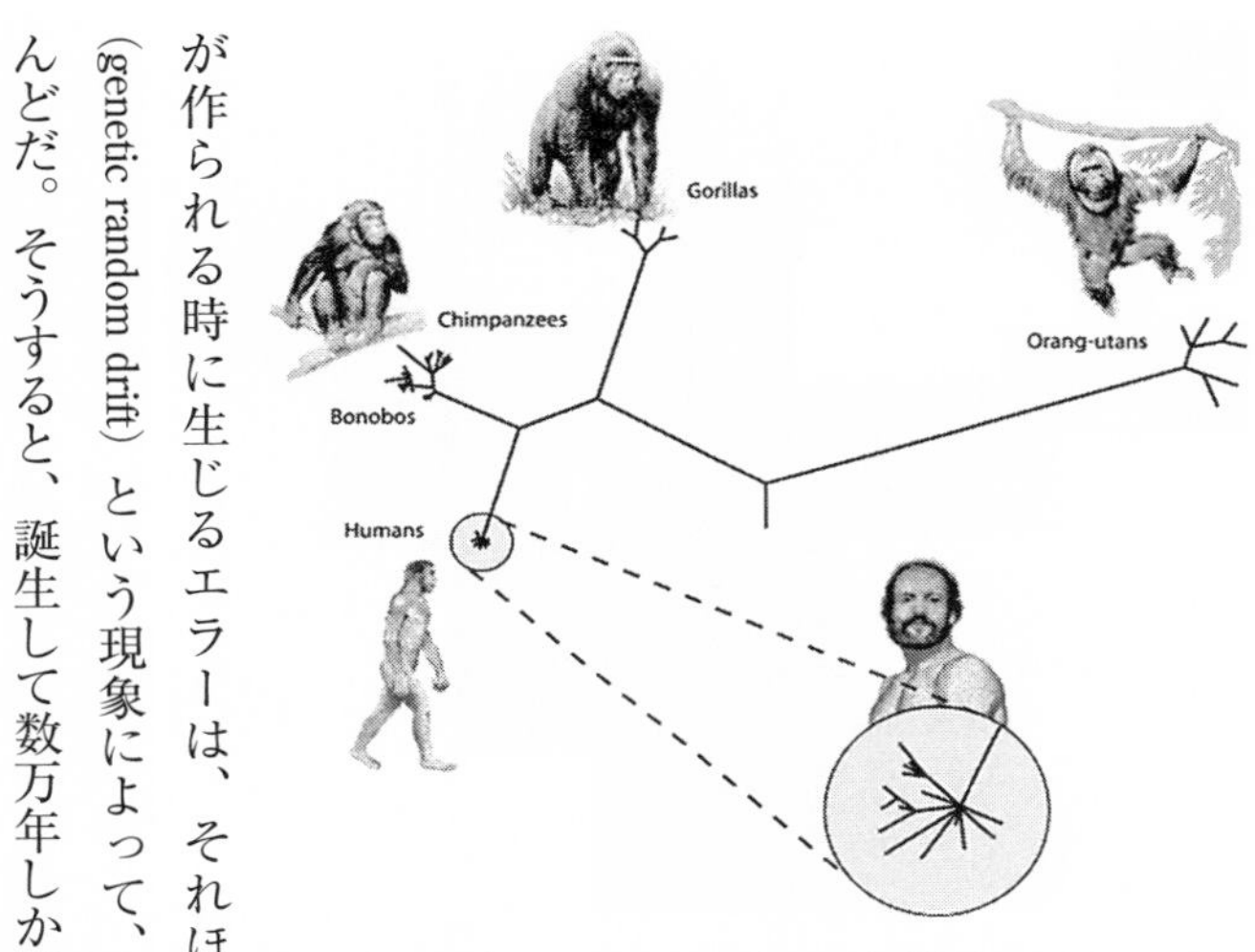

図27　サピエンスの遺伝的多様性（Kaessmann & Pääbo. 2002）

何故そうなったかというと、紛れもなくそれはサピエンスが誕生して間も無い新種だからだ。既に述べたように、現在はアフリカ単一起源が、仮説ではなく、定説であるが、これは一〇～三〇万年前にアフリカ大陸で誕生した新種であるサピエンスが、六～七万年前にアフリカの外へ出て、世界中に拡散した、ということを言っている。

もともと一万人くらいの集団サイズ（人口）だったサピエンスは、現在七〇～八〇億人にまで増えた。生殖細胞が作られる時に生じるエラーは、それほど多く集団中に蓄積されない。遺伝的浮動（genetic random drift）という現象によって、消えて無くなっていく変異（mutation）がほとんどだ。そうすると、誕生して数万年しか経っていないサピエンスには、それほど多くの変異は蓄積されていない。サピエンスがもつ変異のほとんどが、アフリカ大陸で誕生した後、アフリカ大陸内で蓄積した変異なのだ。

ゲノム中に観察される変異の割合について、具体的な数字をあげるなら、現在、アフリカ大陸以外の地球上に住むヒト集団のゲノム中の変異のうち、その約七割をアフリカのヒト集団と共有している。残りの三割のうち、そのヒト集団が現在住んでいる大陸の他の集団と共有しており、特定のヒト集団に固有の変異は一〜二割である、というのが平均的な特徴だ。

日本列島のヒト集団についても、同じだ。ようするに、アフリカで誕生してから現在までに蓄積してきた変異の総数は限られていて、ホモ・サピエンスにとって多様性に貢献しているファクターは、変異ひとつひとつの多様性というよりは、その組み合わせの多様性と言っても過言ではない。

繰り返しお話してきたように、ディプロイドである私たちは、生殖細胞を作る時に、前の世代のゲノムをシャッフリングして、混ぜ合わせる。これを「組み換え」というが、この「組み換え」によって、非常に多くの組み合わせが作られる。集団中で変異自体の総数はたいして変化しないけれど、それらの組み合わせパターンが個人個人の遺伝的差違の主なファクターとなっている。

話を元に戻すと、チンパンジーやゴリラやオランウータンに比べて、ヒトはごく最近誕生した新しい種なので、彼らと比べて遺伝的多様性は小さい。なので、現在の生物人類学では、「人種（race）は存在しない」ということが常識になっている。ホモ・サピエンスの遺伝的多様性は小さいので、もともと亜種レベルの違いと同レベルの違いを表現するのにもちいられてきた「人種」は、既に生物学的な根拠がないカテゴリーとして死語となっている。詳しくは、私も執筆者の一人になっている『人種神話を解体する2　科学と社会の知（坂野徹、竹沢泰子　共編）』や『人種主義と反人種主義：越境と転換（竹沢泰子、ジャン＝フレデリック・ショブ　共編）』を手に取っていただきたい。

ただし、ヒトの中でも集団差や個人差はそれなりにあって、当たり前であるが「みんながクローン」というわけではない。個々人の差違を生み出す主なファクターは、もっている変異の種類というよりは、もっている変異の組み合わせなのだ。

一塩基多型とゲノムワイド関連解析

いま、話を難しくしないために遺伝的多様性を担うファクターの一つとして「変異」について話したけれど、実はゲノム中に起こる変異には、いくつかの種類がある。本書ではこれらを詳しく述べないが、107ページでも登場した「一塩基多型」という言葉だけ、この後にお話することに関連するので、立ち戻って解説したい。

生殖細胞が作られる際に起こるエラーで変異は生まれる。ＤＮＡの塩基が、たとえばＡ

（アデニン）からG（グアニン）に変異するような、一文字だけ変化する変異のことを「点変異（point mutation）」という。ここまでは、分子生物学や遺伝学で一般的に使う語彙で話ができるけれど、ここに「生物を集団としてみる」という視座を与えると、集団遺伝学とか遺伝統計学という分野の語彙を使う必要が生じる。

点変異に限らず、ほとんど全ての変異は、現れた直後に消滅する。変異が起こるのは生殖細胞なのだけれど、その変異をもつ生殖細胞が、必ずしも子孫を持つまでに成長するとは限らないからだ。大半の変異は個体の発生にとって不利に働くので、変異が生まれた直後に、消滅する。

仮に、出現した変異が生存にとって不利ではない変異だった場合、その変異をもつ個体は、生き残る場合があるが、ほとんどの変異が、世代を経ると、集団中で遺伝的浮動という偶然の効果により、消えて無くなっていく。

それでも偶然、集団中で生き残って、偶然、集団中での頻度を増す変異が、たまにいる。集団遺伝学や遺伝統計学では、集団中で一％未満の変異をレア・バリアント（rare variant）と呼び、一％以上の頻度を持つ変異を「遺伝的多型（genetic polymorphism）」と呼んでいる。そして、そうした遺伝的多型のうち、点変異であり、一％以上の頻度をもつもののことを、特に一塩基多型（Single Nucleotide Polymorphism）といい、ＳＮＰと呼んでいる。

このＳＮＰのヒト集団における頻度と、ＳＮＰの組み合わせ（ハプロタイプ）について、網羅的に調べたプロジェクトが、二〇〇五年にその論文が発表された国際 HapMap プロジェクトであった。このプロジェクトは、ヒトゲノム多様性を調査する先駆け的なものとして、現在のように全ゲノム配列を読んでしまうのが標準になるまで、重要な役割を果たした。

国際 HapMap データベースに蓄積されたヒトゲノム多様性に関する情報は、ゲノムワイド関連解析（Genome-wide Association Study：GWAS）をおこなうのに、特に大きな役割を果たした。ＧＷＡＳについても詳細な説明を省くが、薬剤応答の個人差や遺伝性疾患のリスク変異を見つける目的でＧＷＡＳがおこなわれ、それらと統計学的に関連する膨大な数のＳＮＰが同定された。

もちろん国際 HapMap プロジェクトは、人類学的な目的でヒトゲノム多様性を調査したわけではないので、当時、国際 HapMap データベースをもちいた基礎研究の論文は、医学的な研究への応用に関する論文に比べると、圧倒的に少なかった。が、より人類学的な興味にもとづく研究も、おこなわれなかったわけではない。アフリカ単一起源説が正しければ、ゲノム多様性は、アフリカの人々が非アフリカの人々よりも高いことが期待される。アフリカ大陸での多様性が、アフリカ大陸の外へ出た時、ボトルネック効果により、減少したと考えられるからだ。二〇〇五年のHapMap論文でも、これが、本当にそうか、分析された。また、ＳＮＰの組み合わせであるハプロタイプの多様性も、アフリカの人々の方が、非アフリカの人々よりも高いことが期待されるので、これが検証された。その結果は、予想通りのものであった。

ＧＷＡＳにより、疾患とは直接関係のない形質に関する解析もなされた。ここでいう形質とは、肌の色とか、髪の毛の色とか、体重とか身長といった、ヒトの個人差を決める要素のいくつかのことだ。そうした形質を決める特定のＳＮＰが、いくつか同定されてきている。

ＳＮＰから形質を推定する限界

ネアンデルタール人とデニソワ人の全ゲノム配列は高精度で解読された。ヒト参照ゲノム配列と比較すれば、配列間で違っている場所もわかる。古代型人類とサピエンスの形質の違いも、そうしたＤＮＡレベルの違いから明らかにできるかもしれない。という期待が持たれる。特に、指の小さな骨から抽出したＤＮＡにより、その存在が明らかになったデニソワ人の場合、まともな骨格標本すらない。ゲノム情報からデニソワ人の解剖学的特徴を明らかにすることはできないだろうか？

たとえば現代のヨーロッパの人々を対象として、ＳＮＰから肌色、髪色、眼色を推定してみると、約八〇％の確率で正確な答えが出る。しかし、それら以外の形質では、GWASで予測された遺伝子やその多型では正解率が著しく低くなる。しかも、ヨーロッパ人のGWASでの予測を、非ヨーロッパ人に適用すると、多くの場合、上手く行かない。これは原理的に当然で、そもそもGWASは、集団内多様性を基礎にしているので、ヨーロッパ集団と東アジア集団のように、たかだか四～五万年前に分岐した集団間での表現型の違いの予測にすら使えない。いや、使えないとは言い切れないが、正確さは期待できなくなる。なので、デニソワ人の形態を復元するのに、ヒトのSNPデータにもとづくGWASの結果を応用することには限界がある。

デニソワ人の形態を復元するのにGWASの情報を使うことは、別の観点からも、限界がある。

DNAの変異には、その遺伝子産物であるタンパク質のアミノ酸配列を変化させるものと、させないものが存在する。遺伝子のあるゲノム領域のことをコード領域と言い、遺伝子のないゲノム領域を非コード領域というが、コード領域内の変異でもそうだし、非コード領域の外にあってもそうだ。その変異は、アミノ酸配列を変化させせない。

タンパク質のアミノ酸配列情報をコードする遺伝子でも、たとえば次のようなことがある。遺伝暗号において、TTTとTが三つでフェニルアラニンというアミノ酸をコードしている。でも、フェニルアラニンをコードする遺伝暗号は他にもある。TTCもフェニルアラニンをコードしている。TTAやTTGはロイシンという別のアミノ酸をコードしている。なので、塩基配列上で、TTTの三番目の文字が、AやGに変異した塩基置換の場合は、アミノ酸配列が変化するが、三番目の文字がTからCになっても、アミノ酸配列は変化しない。アミノ酸配列が変化しない塩基置換のことを同義置換（synonymous）といい、アミノ酸配列が変化する塩基置換のことを非同義置換（non-synonymous）という。

アミノ酸配列を変化させない塩基置換

先述のように、タンパク質のアミノ酸情報をコードしない（つまり遺伝子では無い）領域を非コード領域というが、当然、非コード領域での塩基置換は、アミノ酸配列を変化させない。

サピエンスのゲノム配列とネアンデルタール人あるいはデニソワ人のゲノム配列を比較すると、同義置換と非コード領域の塩基置換は、合わせて三万個を上回るが、非同義置換の数は、一〇〇個にも満たない。しかも、アミノ酸置換は、必ずしもタンパク質の性質を変化させるとは限らない。ヒトと古代型人類との間でタンパク質の性質を変化させる可能性のある一〇〇個の変異のうち、いくつかが、ヒト集団で検出された形質を関連が示されたＳＮＰと同じものかというと、ほんとうに限られた数しかそうした変異は存在しない。そうではなく、アミノ酸配列を変化させない変異に着目して、古代型人類とサピエンスの違いを理解しようと考えた研究者がいた。エルサレム・ヘブライ大学の若き天才、デヴィッド・ゴクマンだ。

二つのレベルの進化

生物の形質は個々の遺伝子の産物であるタンパク質の性質だけで決まっているわけではない。どの細胞で遺伝子が発現（express）するか、その発現量や発現時期も大きな決定要因だ。あえて大雑把な言い方をするが、遺伝的に近縁な種間の形質の違いは、遺伝子産物の違いより、その遺伝子産物の発現している組織、量、タイミングで決まると言っていい。

このアイディアを最初に提示したのは、マリークレイ・キングと、本書で何度も登場しているアラン・C・ウィルソンが、一九七五年に*Science*誌に発表した論文『ヒトとチンパンジーにおける二つのレベルの進化（原題はEvolution at two levels in humans and chimpanzees）』だ。

二つのレベルとは、タンパク質のアミノ酸配列レベルでの進化、と、遺伝子の発現レベルでの進化、のことだ。

ヒトとチンパンジーの間で観察されるアミノ酸配列レベルでの違いは、二つの種の生物としての違いを説明するには少なすぎるから、おそらく両者の生物としての違いには、遺伝子発現（gene expression）レベルでの違いが貢献しているだろう、ということをキングとウイルソンは今から五〇年近く前に論じた。こうした、ほぼ予言に近い論文を世に送り出したことからも、アラン・C・ウイルソンが、いかに洞察力に優れた超天才的であったかが、うかがえる。

近縁種の違いは、遺伝子発現レベルの違いによるところが大きい、というアイディアは現在、常識となっている。ヒトとチンパンジーの間でもそうなのだから、それよりも近縁なヒトと古代型人類の間では、なおさらだ。デヴィッド・ゴクマンは、ヒトと古代型人類の間での、遺伝子発現の違いを見たいと思った。

メチル化と遺伝子発現

ヒトと古代型人類の間で遺伝子発現の違いを見る、という発想は良いが、それは可能なのか？　普通に考えたら不可能だ。遺伝子発現は細胞の中で起こる。ネアンデルタール人やデニソワ人の生きた細胞は残っていない。骨の中の、かつて生きていた細胞に残存するＤＮＡが残っているだけだ。

ところが、デヴィッド・ゴクマンは、ネアンデルタール人やデニソワ人の骨に残存していたＤＮＡから、かつて彼らが生きていた頃の遺伝子発現についての手がかりとなる研究

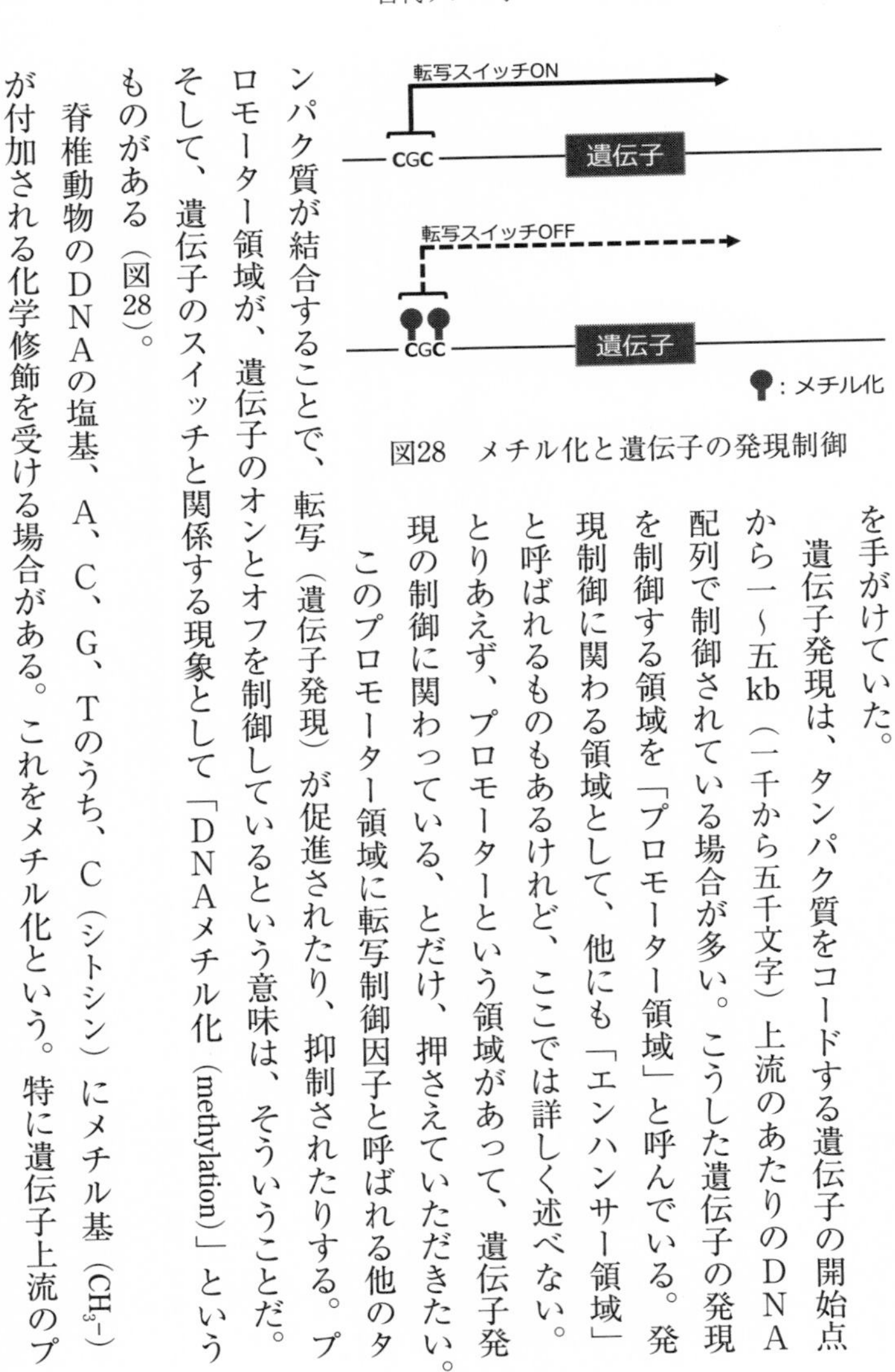

図28　メチル化と遺伝子の発現制御

を手がけていた。

遺伝子発現は、タンパク質をコードする遺伝子の開始点から一〜五kb（一千から五千文字）上流のあたりのDNA配列で制御されている場合が多い。こうした遺伝子の発現を制御する領域を「プロモーター領域」と呼んでいる。発現制御に関わる領域として、他にも「エンハンサー領域」と呼ばれるものもあるけれど、ここでは詳しく述べない。とりあえず、プロモーターという領域があって、遺伝子発現の制御に関わっている、とだけ、押さえていただきたい。

このプロモーター領域に転写制御因子と呼ばれる他のタンパク質が結合することで、転写（遺伝子発現）が促進されたり、抑制されたりする。プロモーター領域が、遺伝子のオンとオフを制御しているという意味は、そういうことだ。そして、遺伝子のスイッチと関係する現象として「DNAメチル化（methylation）」というものがある（図28）。

脊椎動物のDNAの塩基、A、C、G、Tのうち、C（シトシン）にメチル基（CH_3−）が付加される化学修飾を受ける場合がある。これをメチル化という。特に遺伝子上流のプロモーター領域のCとG（グアニン）が並ぶ CpG サイトと呼ばれる領域のCがメチル化されていると、転写のスイッチがオフになる傾向があることが知られている。つまり、メチル化は、遺伝子発現制御と深く関わりのあるDNAの化学修飾だ。

エピジェネティクスとメチル化

DNAのメチル化やタンパク質のアセチル化が遺伝子発現制御と関連する、という研究が、多数報告されている。話を単純化するために、本稿ではアセチル化については触れない。ここでお伝えしたいことは一つだけ。こうしたDNAの化学修飾は、環境要因によって変化するが、親から受け継ぐ場合もある、ということだ。

さまざまな年齢の一卵性双生児ペアについて、メチル化を分析した研究では、生まれたばかりの一卵性双生児ペアの、DNAメチル化全体——これをメチローム（methylome）と呼ぶ——のパターンはよく似ているけれど、老齢の一卵性双生児ペアのメチロームは、その類似度が下がっていることを示している。

また別の研究では、一卵性双生児ペアでも、双生児の一人が遺伝性疾患を発症したとしても、もう一人は発症しないケースが観察され、彼らのメチロームを調べたところ、メチル化パターンが、異なっていた。

つまり、ひとりの個人において、一生変化しないゲノムDNAの塩基配列と違い、メチル化は、その個人を取り巻く環境要因などに影響を受け、年齢とともに変化する。ヒトを構成する三七兆個の細胞ひとつひとつが、少しずつ違ったメチル化を受けていると考えられていて、組織ごとにまとまって、メチル化のパターンを示す。これも、環境要因や年齢で変化する。

こういうのをエピゲノム（epi-genome）あるいはエピジェネティクス（epi-genetics）といって、現在、分子生物学ではもっともホットな分野の一つだ。

メチル化は、環境要因によって変化する発現制御機構の鍵となる化学修飾の一つなので注目されているが、前述のように、親から受け継ぐ場合もあるようだ。ＤＮＡの化学修飾が、どのように親から子へ受け継がれるか、そのメカニズムは、ヒトでは、まだよく分かっていないが、ともかく、メチル化は転写のオン・オフと深く関わっていそうなのである。

ヒトと古代型人類の間での遺伝子発現の違いを、直接みることはできない。しかし、両者の間でのメチル化状態をみることができれば、遺伝子発現の違いについて、手がかりを得ることができそうだ。では、古代ＤＮＡにおいてメチル化されたＣ（シトシン）は残っているのだろうか？

結論から言うと、古代DNAにおいて、メチル基のついた状態でCが観察されることは、ない。つまり残っていない。しかし、かつてメチル基が付いていたCを、付いていなかったCと区別して検出することは、できる。

脱アミノ化とメチル化

生物のエピジェネティクスに寄与するメチル化は、DNAメチラーゼという酵素によって触媒される化学修飾だが、古代DNAには、生物の死後、自然現象として起こる脱アミノ化（deamination）という化学修飾があることが知られている。これは、Cが脱アミノ化することで、U（ウラシル）に変化する化学修飾で、古代DNAとして、現代の研究者が塩基配列を読む際には、このUをT（チミン）として読んでしまう。

もともと生きていた時には、Cだった塩基が、分析された時にはTとして検出されるわけなので、ようするにこれは古代DNA特有のエラーであり、データ解析にとっては明確なノイズだ。こうして得られたDNAの塩基配列を、そのまま解析にもちいれば、間違った結果を出してしまう。なので、UDG（uracil-DNA-glycosylate）処置といって、古代DNAを抽出した段階で、Uを除去する操作をおこなう。

ところが、生きていた時にメチル基が付いていたCは、死後どうなるかというと、やはり脱アミノ化されて、これはTとなる。TはUDG処理されても除去されない。塩基配列を読んだ段階で、そのままTとして読まれる。

このメチル化されたCとされていないCの、死後の化学修飾のされ方の違いを利用して、古代DNAのメチル化されたCを検出できることを、スヴァンテのラボの大学院生であったエイドリアン・ブリグスが発見し、二〇〇九年に論文を発表していた。

古代メチローム に着目する

デヴィッド・ゴクマンは、エイドリアン・ブリグスが見いだしたこの方法を、ネアンデルタール人とデニソワ人の全ゲノムに応用し、古代型人類のメチローム解析をおこなった。

方法はこうだ。一つのネアンデルタール人ゲノムについて、UDG処理して塩基配列を読んだものと、UDG処理しないで塩基配列を読んだものを用意し、これらをコンピュータの中で比較する。そうすると、生きていた時にメチル化されていたゲノム領域は、先述の原理に従い、C（シトシン）からT（チミン）に変化している割合が高く出るが、反対にメチル化されていなかった領域は、CからTに変化している割合が低く出る（図29）。

特定の塩基がメチル化されていたかどうかは、この方法ではほとんど分からないが、ゲノム領域として、高メチル化領域と低メチル化領域を推定することができる。これを現代のヒトのメチローム解析データと比較する。ということをゴクマンはおこない、二〇一四年 *Science* 誌に発表した。

さらにゴクマンは、古代型人類の高メチローム化ゲノム領域のマップを使い、姿形（すがたかたち）の

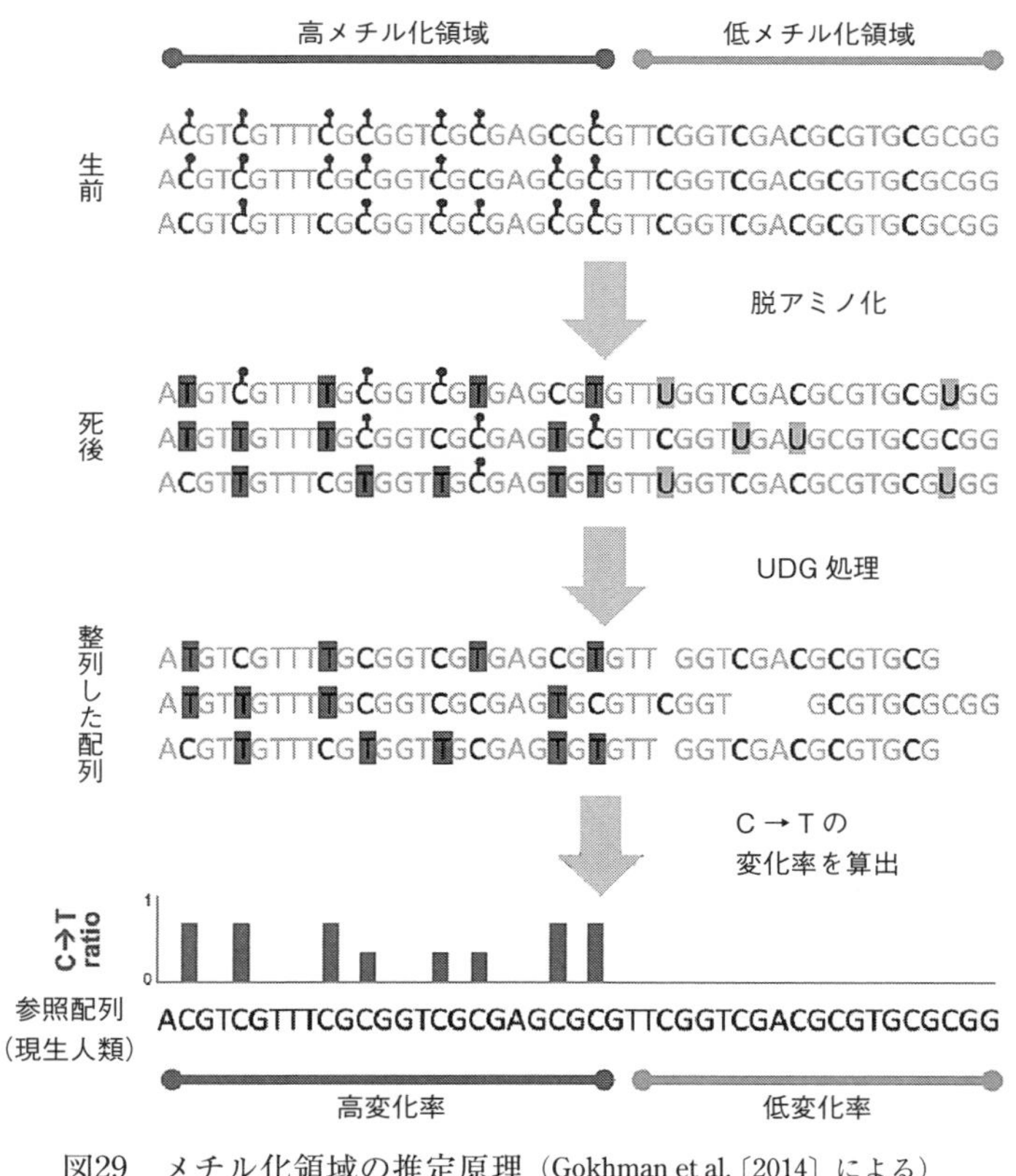

図29　メチル化領域の推定原理（Gokhman et al.〔2014〕による）

分からないデニソワ人の骨格形態の復元を試みた。そして、その結果を『DNAメチル化マップをもちいたデニソワ人の解剖学的特徴の再構築（原題はReconstructing the DNA methylation maps of the Neandertal and the Denisovan）』というタイトルの論文で*Cell*誌に発表した。この論文は、その年の*Science*誌のブレイクスルー・オブ・ザ・イヤー（BREAKTHROUGH of the YEAR）の一つに選ばれた。

デニソワ人の骨格形態を復元する条件

特異的メチル化領域をもちいて古代型人類の骨格形態を復元するには、次の三つの条件を満たしている必要がある。第一に、デニソワ人特異的メチル化領域が系統特異的な変化を反映している（系統内のバリエーション、例えば年齢とか性とか、どの骨か、などによらない）こと、第二に、その系統特異的メチル化領域の変化が、遺伝子発現レベルの変化に反映されること、第三に、その遺伝子発現レベルの変化が表現型の変化と関連づけられること。ゴクマンは、この三つについて検討した。

ゴクマンは、ネアンデルタール特異的あるいはデニソワ特異的メチル化領域を抽出した。それから、これら特異的メチル化領域のうち転写開始点から一〜五kb上流のプロモーター領域あたりの特異的メチル化領域のみを抽出した。そして、サピエンス特異的なプロモーター領域の特異的メチル化領域を一五四個、ネアンデルタール特異的なそれを一一三個、デニソワ特異的なそれを五五個、チンパンジー特異的なそれを四一五個、見つけた。これら系統特異的メチル化領域をプロモーター領域にもつ遺伝子を形質と結びつけるために「ヒト形質オントロジー（Human Phenotype Ontology：HPO）というデータベースをもちいた。

もうすでに何を言っているのか分からないと感じる読者もおられると思うのだが、要点だけを理解していただけたらそれでいい。ゴクマンらがやったことをザックリと説明する。

データベースにもとづく形質の推定

データベースＨＰＯには、遺伝子の発現制御に関する情報は、含まれていない。ＨＰＯは、遺伝子と表現型の関係についてのデータベースだ。ここでいう表現型とは、主に疾患であり、このデータベースの中で、タンパク質のアミノ酸配列の変異と疾患がリンクされている。なので、これらの変異の多くは、タンパク質の機能喪失をもたらす。データベース内に登録された表現型（疾患）に結びつく機能喪失をもたらす変異は、遺伝子の発現レベルの減少と部分的に（あるいは完璧に）パラレルな関係にある、とゴクマンは仮定し解析を進めた。

つまり、ＤＮＡメチル化の上昇に伴う遺伝子発現レベルの低下を正確に定量化することは不可能だけれど、しかし、これらの表現型（疾患）は、これらの遺伝子が、ヒトにおいて遺伝子発現量が下がった場合、どのような表現型変化の方向性を示すか、理解する鍵となりうる。

ゴクマンは、ヒトあるいはチンパンジーの系統で、骨格に関連する表現型と関連づけることができた五九七個の遺伝子を抽出した。

データベースに登録された表現型は、「方向性をもつ表現型」と「方向性をもたない表現型」の二つのグループに大きく分けることができる。前者は、例えば両頭頂狭小化などであり、後者は、歯科不正咬合などだ。方向性をもつ表現型は、遺伝子発現の上昇、下降と結びつけることができるが、方向性をもたない表現型は、それが難しい。それゆえ、骨格の形態について「方向性をもつ表現型」として登録されている表現型八一五個を抽出した。

表現型の差違の予測についても、ゴクマンは二つのタイプを考えた。例えば指の長さの予測をする場合、「ヒトと古代型人類の間で指の長さが異なる」という予測と、「ヒトにおいて古代型人類よりも指の長さが長い」という予測は、違う。後者において、表現型にリンクする各プロモーターにおけるデニソワ特異的メチル化領域をその表現型が分化する方向性を示す予測因子とみなす場合、同じ形質に関係する全ての予測因子が、同じ方向性（単一方向性）を示す必要がある。逆に言えば、単一方向性が示されない場合、前者の予測、方向性は、「分からないけれど違いはある」という予測にとどまることになる。

ゴクマンは、特異的メチル化領域、遺伝子、表現型、予測形質の関係において、単一の方向性をもつか、もたないか、データベースにフィルターをかけた。これが、デニソワ人の骨格形質を予測する方法だ。

基準骨格としてネアンデルタールを使う

この骨格形質の予測法が、どれくらいの正確さをもつか、実際の予測をおこなう前に、そのパフォーマンスを測っておく必要がある。ゴクマンは、ネアンデルタール人の骨格形質でそのパフォーマンスを試した。

二〇〇九年の論文で既にネアンデルタール人の古代メチローム解析を行ったので、ネアンデルタール人ゲノム中の高メチル化領域はマップされている。これを使って、デニソワ人の骨格形質予測をおこなうのと同じ方法で、ネアンデルタール人で骨格形質予測を行った。前にも述べとおり、ネアンデルタール人の骨は、西アジアからヨーロッパにかけて、数百という単位（あるいはもっとかも知れない）で見つかっている。なので、ネアンデルタール骨格については膨大なデータが蓄積している。つまり、デニソワ人の骨格形質は分かっていないが、ネアンデルタール人の骨格形質は良く分かっている。ので、答え合わせができる。

ネアンデルタール人と現生人類の間で差違が知られている一〇七個の形質のリストを作り、いくつの形質がこの骨格形質予測法で正確に予測できるか調べた。すると、七五個の分化した形質のうち六二個（八二・七％）の形質が正解だった。正確に予測できた六二個の形質のうち、四六個の形質で変化の方向性を議論できた。さらに、この四六個の形質のうち、三六個（七八・三％）の方向性を正確に予測できた。これはランダムな期待値（五〇〜五六％）を有意に上回った。ゴクマンは、骨格形質予測法のパフォーマンスは保証できるものとした。

デニソワ人固有の骨格形質の推定

こうして、古代メチローム解析データとデータベースを駆使し、デニソワ人の形質が推定された（図30）。サピエンスおよびネアンデルタールと異なっていたデニソワ人の形質は五六個、種間で方向性をもつ変化を示した形質は三二個、デニソワ人とネアンデルタール人で共有していた形質は二一個、ネアンデルタールとは異なる（デニソワ固有の）形質は一一個だった。

予想通り、全体としてデニソワ人は、サピエンスよりネアンデルタールに近い骨格形態を持っていた。たとえば、こうだ。

デニソワ人の肩甲骨のサイズは、サピエンスよりは大きいが、ネアンデルタールよりは小さいと推定された。頸椎のサイズや肋骨の厚みは、ネアンデルタールと同じくらいであったが、サピエンスより大きいと推定された。大腿骨の骨密度は、サピエンスより高く、ネアンデルタールより低いと推定された。

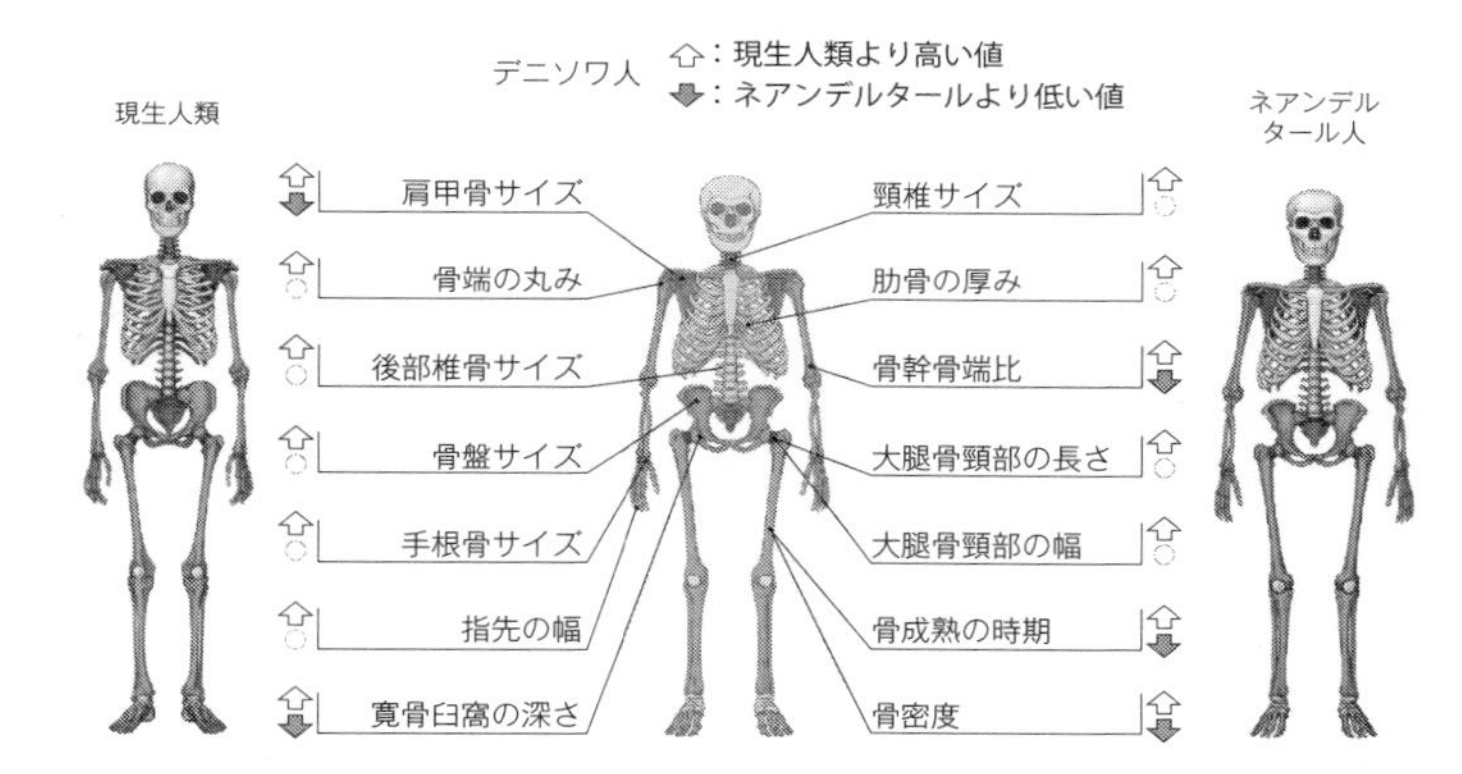

図30　推定されたデニソワ人の骨格（Gokhman et al.〔2014〕による）

もちろん、この形質予測は、単一の標本にもとづいていて、デニソワ人という集団全体を反映しているとは言い切れない。また、データベースに登録されている表現型（疾患）と変異、および遺伝子発現との関係、それにDNAメチル化の関係は、どれも生物学的な証拠が不十分である。このためこの論文は多くの批判を受けた。二〇一四年の論文では共著者であったスヴァンテでさえ、否定的な見解を公に述べた。

しかし、小指の末節骨しか見つかっていない人類・デニソワ人について、ここまでの形質予測がなされたことは、大きな進歩と言っていいだろう。私はゴクマンのトライアルを高く評価している。

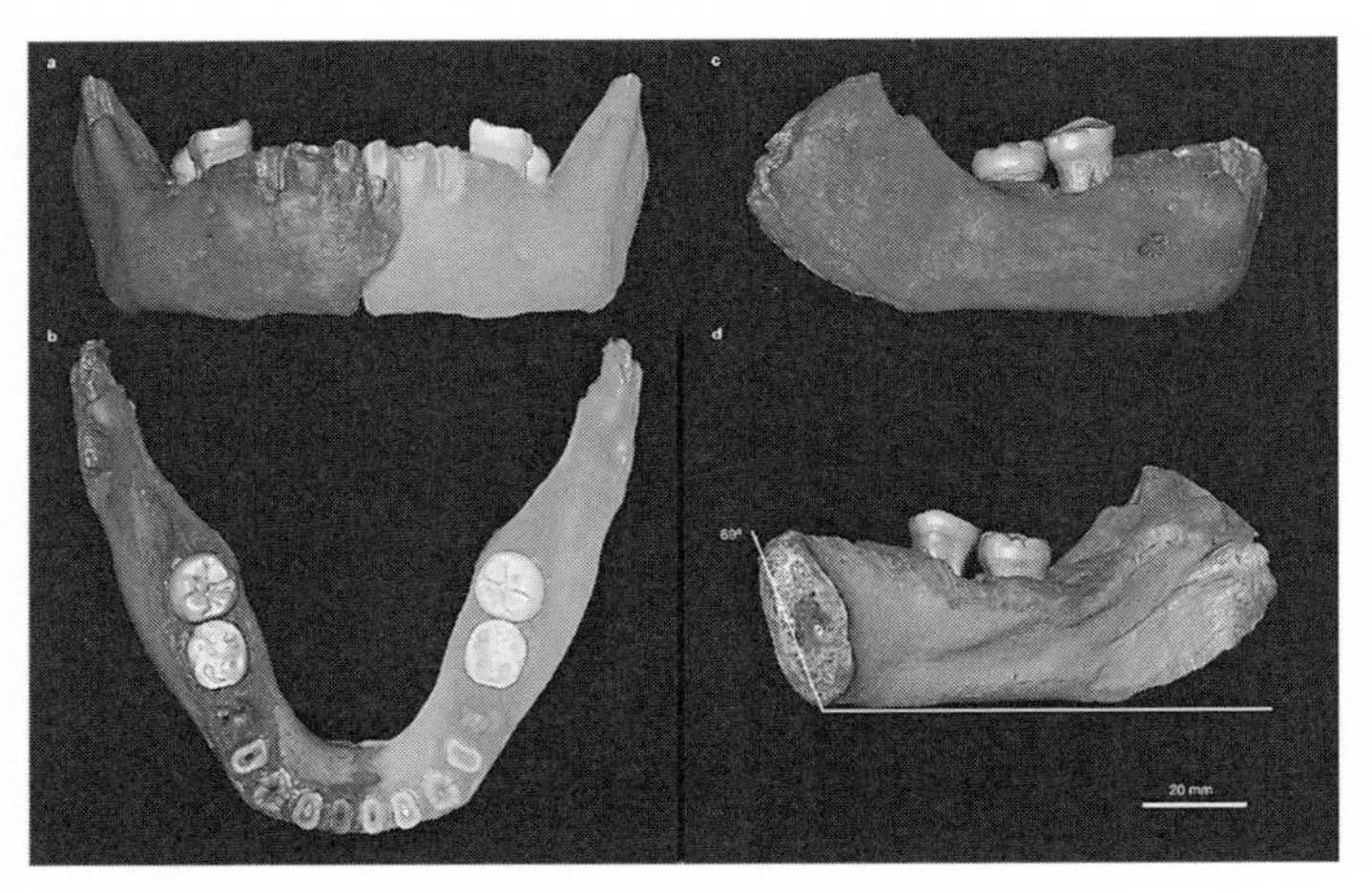

図31　チベットの“デニソワ”人骨（Chen et al. 2019）

古代プロテオーム解析によるデニソワ人骨の発見

やや時系列が前後するが、ゴクマンがこの二〇一九年の論文を*Cell*誌に送り、その査読を受けているちょうどその頃、チベット高原からデニソワ人の顎の骨が発見された、というニュースが、*Nature*誌に報告されたレター記事として、飛び込んできた（図31）。

カルスト洞窟から見つかった下顎の骨は、少なくとも一六万年前のもので、DNAは採取できなかったものの、タンパク質は抽出できた。このタンパク質のアミノ酸配列を、マックスプランク・エヴァに所属していたフリード・ウエルカー（現在はコペンハーゲン大学に所属）という若い研究者が分析し、アミノ酸配列からDNAの塩基配列を推定した。

その結果、ネアンデルタールやサピエンスより、アルタイ山脈のデニソワ洞窟で発見されたデニソワ人の塩基配列に近かった。

この手法は、古代プロテオーム解析といって、ウエルカーの師匠にあたるコペンハーゲン大学のエンリコ・カペリーニが始めた手法で、このチベット高原のデニソワ人の下顎発見で、一躍注目を集める技術となった。

ゴクマンは、早速このデニソワ人の下顎の形態的特徴が、自分達の古代メチロームにもとづく予測と一致しているか、確認した。そして、八つの予測のうち七つが自分達の予測と一致した、と述べている。これは、ゴクマンの骨格形質予測法の正確さを強く支持する材料となった、と言いたいところだけれど、それほど強く支持するわけではない。それでも矛盾はなさそうだ。そして、この下顎の発見は、ネアンデルタール人がユーラシア大陸の西側に分布し、デニソワ人がユーラシア大陸の東側に分布した、というこれまでの予測を後押しするものとなった。

ネアンデルタール人の脳を復元する

「認知革命」はあったのか？

「古代ゲノムが書き替えたサピエンス史」でお話ししたように、ユヴァル・ノア・ハラリは、ネアンデルタールには起こらなかった認知革命が、サピエンスには起こった、という前提で、議論を進めているけれど、認知革命がおこったかどうかは、いまでも学者の間で、見解が分かれている。いまだ検証が必要な課題だ。

解剖学的に、ネアンデルタールとサピエンスは、異なっている。もちろんサピエンス種内にも多様性があるが、その範囲からネアンデルタールは外れている、という意味で異なっている。慶應義塾大学の荻原直道（現・東京大学）らの研究グループは、コンピュータ・シミュレーションをもちいて、ネアンデルタール人の脳を再現した。その結果、サピエンスの小脳はネアンデルタールのそれより大きいが、大脳の後頭部領域は、サピエンスの方がネアンデルタールよりも小さいことを見いだした。

このように、大脳の大きさという点では、ほとんど違いがないか、どちらかと言えばネアンデルタールの方がサピエンスより大きい。大脳の大きさと知性とは必ずしも一致しないし、知性の高さと生存率の高さは必ずしも相関しないが、ともかく、ネアンデルタールは絶滅し、サピエンスは繁栄した。

「認知革命」があったとする主張は、こうだ。大脳の巨大化は、約八〇万年前以降に存在したサピエンスとネアンデルタールの共通祖先の、どこかの段階で起こっているハズなのに、サピエンスとネアンデルタールでは、考古遺物の性質が異なる。サピエンスの残した遺物は、変化に富み、創造性が高いが、ネアンデルタールの遺物は、変化に乏しく、創造性が低い、という。一方、「認知革命」は無かったとする主張は、そもそもサピエンスとネアンデルタールの考古遺物に大きな違いは無い、という。

もし、「認知革命」があったとしたら、大脳の大きさには違いがないのだから、ニューラルネットワークに違いがあったのではないか？　この問いは、頭蓋骨の化石をいくら調べても答えは出ない。実際にネアンデルタールの脳を作るしかない。しかし、そんなことができるのか？

ネアンデルタールのゲノム解読がおこなわれる以前の段階では、この検証は不可能だった。が、いまはゲノム情報がある。これをやってみよう、というトライアルが、本当に進められている。

新型コロナの症状と関連するネアンデルタール人ゲノム

ネアンデルタール人の脳を作るトライアルについて紹介する前に、一つ触れておきたい話題がある。私が本書の原稿を書いている最中に、にわかには信じがたい論文を、スヴァンテ・ペーボらが*Nature*誌に発表した。いわく、現代ユーラシア人のゲノム中に残っているネアンデルタール人のゲノムの一部が、コロナウイルス感染症の重症化リスクと関係がある、というのだ。

もともと、他のグループがおこなった新型コロナの入院患者三一九九人を対象としたゲノムワイド関連解析（GWAS）で、二つのゲノム領域が症状の重症化との関連が示された。一つは三番染色体にある領域で、もう一つはABO血液型を決める遺伝子を含む九番染色体の領域だった。この三番染色体の特定領域で重症化リスクの高い配列は、ヒト集団の中で、組み換えの効果を逃れて、比較的高い連鎖を維持している領域だった。

系統樹を作成すると、他のサピエンスの配列より、三体のネアンデルタールの配列とクラスターを作ったのだ。スヴァンテたちは、このリスク・ハプロタイプが、ネアンデルタールとサピエンスとの、約五万年前に起こった交雑により、現代人に受け継がれたと結論づけた。

これは偶然なのか？　スヴァンテたちは、過去にこのネアンデルタール由来ゲノム領域が、生存にとって有利に働くようなイベントがあって、このため積極的にサピエンスのゲノム中で、このネアンデルタール由来のゲノム領域が残ったのだ、と主張している。

生存にとって有利な進化を、正の自然選択（positive selection）と呼び、本当に有利に働いたか、集団遺伝学の理論にもとづく様々な統計値で検定をすることができる。組み換えの効果を逃れて高い連鎖を維持し、古くから残っているゲノム領域は、そうした検定をおこなうと、正の自然選択を受けたシグナルを示す。

しかし、この三番染色体の領域は、そうした検定で有利性が十分に示されているわけではないので、実は、この主張は非常に弱い。ただ、一般的に交雑によってサピエンスのゲノムに入ったネアンデルタール由来ゲノムは、負の自然選択（negative selection）を受けてサピエンスのゲノムから排除されていく傾向にあるので、比較的高い連鎖を維持しているということは、間接的に有利に働いてきたという傍証となる。

スヴァンテたちは翌年、こんどは重症化に対して防御的な一二番染色体の領域が、ネアンデルタール由来であるという論文を *Nature* 誌に発表した。

そんなにネアンデルタール由来のゲノムが新型コロナ感染症と関連があるのか？　と驚かされたが、しかし、交雑によって、サピエンスのゲノムに入り込んだネアンデルタール由来のゲノムは、現在残っているものに関しては、特にウイルスに対する抵抗力を持つ適応的なアレルが交換されたとする仮説は、たとえばアリゾナ大学のデビッド・エナードとスタンフォード大学のドミトリ・ペトロフによって提唱されており、今後、重要な視点になっていくと予想される。

サピエンスが、アフリカを旅立って、住んだことのない環境に適応する際に、既にそこに住んでいたネアンデルタールと交雑することにより、彼らのゲノムがサピエンスにとって役立ったのかも知れない。これはとても魅力的な洞察だ。ともかく重要なことは、異なる環境に適応してきたゲノムが交換されるチャンスは、サピエンスとネアンデルタールのような「少し違っている者どうし」が出会うことによって生じるということだ。私たち東アジアのサピエンスの場合でも、平均してゲノムの一～二％をネアンデルタールから受け継いでいる。私たちは、私たちのゲノムの中に古代から受け継いだ「貴重な遺伝資源」を潜ませているのだ。

欧米では、既にネアンデルタールの脳の三次元培養細胞（オルガノイド）を作製する試みがなされている。これは空想でもフィクションでもなく、本当の話だ。iPS細胞を使うのである。

ネアンデルタール脳オルガノイド作製

ご存知の通り、京都大学の山中伸弥が確立したiPS細胞は、人工的に多能性を獲得させた幹細胞だ。つまり、さまざまな細胞に分化できる分化万能性をもつ。現代人の細胞からiPS細胞を誘導する技術は確立しているし、古代型人類のゲノム配列はわかっているので、工夫すれば、ネアンデルタール型の遺伝子をもつiPS細胞をつくることができる。一般に、iPS細胞から、さまざまな臓器を作成することも、既にプロトコルが整っている。もちろん、大脳皮質なども、だ。

カリフォルニア大学サンディエゴ校のアリソン・ムオトリのグループは、ゲノム編集によって古代人型アレルをもつiPS細胞を作製し、三次元分化誘導を行い、古代人型脳オルガノイドを作製した。

ムオトリらはまず一〇〇〇人ゲノムプロジェクトなど、データベースに収められた現代人のゲノム情報を解析し、古代型人類には存在しないが、サピエンスには存在するアミノ酸置換をともなう変異を探した。その結果、ヒト特異的なアミノ酸置換をともなう変異を六一個、見つけ出した。そして、これらの変異を含むゲノム領域のハプロタイプの長さを調べ、ＮＯＶＡ１という遺伝子を含むゲノム領域が、四・四kbと三番目に長いことを見いだした。

ＮＯＶＡ１はシナプス形成に関わる複数の遺伝子のスプライシングを制御している。スプライシングとは、ＤＮＡから転写されたメッセンジャーＲＮＡ（ｍＲＮＡ）前駆体に含まれるタンパク質合成に不必要な部分（イントロン）を取り除き、必要な部分（エキソン）を連結する生体反応のことである。スプライシングは真核生物で高度に保存されていて、遺伝子が正しく機能する上で最も重要な生体反応の一つだ。

このＮＯＶＡ１タンパク質の二〇〇番目のアミノ酸が、これまでゲノム解読がなされた全ての古代型人類でイソロイシンであったが、一方、サピエンスではバリンに固定している。ムオトリらはCRISPR-Cas9システムをもちいたゲノム編集により、現代人の細胞で、この二〇〇番目の塩基サイトを古代人型ホモ接合にし、この現代人細胞をｉＰＳ細胞化した。これとヒト型ホモ接合のｉＰＳ細胞を作製し、大脳皮質オルガノイドを分化させた。その結果、古代人型ホモ接合の大脳皮質オルガノイドは、ヒト型のそれより増殖が遅く、表面の複雑さが高いことが示された。

マックスプランク・エヴァのマイケル・ダンネマンを中心とするJ・グレイ・キャンプらのグループは、ムオトリらが使ったゲノム編集の技術を使わないでネアンデルタール脳オルガノイドを作ろうとしている。

細胞バンクに潜むネアンデルタール

私たち一人一人のゲノムに残存するネアンデルタール由来ゲノムは、一〜二%とごくわずかであることは既に述べた。ワシントン大学のベニャミン・ベルノとジョシュー・アキの研究によると、現代人のゲノム中に存在するネアンデルタール人ゲノムを全部かき集めると一五Gb（ギガベース）に上る。これは、これは、ネアンデルタール人ゲノム全体の約四〇%に相当する。ということは、ゲノム編集でネアンデルタール型アレルを作らなくても、現代人のゲノムをスクリーニングすれば、ゲノム中のどこかに、ネアンデルタール型アレルを見つけることができるはずだ。

残念ながらまだ日本には存在しないが、ヨーロッパには既に集団遺伝学的研究にもちいるための健常者由来細胞から作ったｉＰＳ細胞の細胞バンクが設立されている。HipSci（Human Induced Pluripotent Stem Cells Initiative）というバンクで、現在は、九〇〇ラインを越えるｉＰＳ細胞が健常者および遺伝病保因者から作られ、細胞バンクとして運営されている。キャンプらは、このHipSciで保管されているｉＰＳ細胞株のゲノム配列をサーチし、ネアンデルタール由来ゲノムを持つiPS細胞ラインのデータベースを作成した。

彼らはiPS細胞ラインに含まれる主にヨーロッパ出身の一七三個体のゲノム配列情報を分析し、クロアチアのヴィンディヤ洞窟から発掘されたネアンデルタール人のゲノム配列にあってヨルバ人（現代のアフリカ大陸の集団）にない変異を使い、ネアンデルタール人由来ゲノム領域（ハプロタイプ）の検出を試みた。その結果、もちろん個人差があり、一人あたりのネアンデルタール人ゲノムの含量は一八・七～三〇・九Mbと幅があったが、総量は六六一Mbに上った。検出された古代人型アレルのうち二二・一％が、少なくとも一つのiPS細胞ラインでホモ接合であった。これらのうちのいくつかは、皮膚色や免疫応答と関連する遺伝子の近傍にあった。

キャンプらは、この論文を発表する少し前にHipSciラインを含む複数のiPS細胞から大脳皮質オルガノイドを作製している。これらのオルガノイドにおいて、キャンプらはネアンデルタール型ハプロタイプからの遺伝子発現を検出している。

まだ検証まではど遠いけれど

iPS細胞をもちいてネアンデルタール人の脳オルガノイドを作ろうとする二つのアプローチを紹介したが、ネアンデルタール脳オルガノイドを作って、古代型人類とサピエンスとのニューラルネットワークの違いを比較できるようになるまでには、どちらの方法もまだ遠い道のりだ。しかし、ネアンデルタール人ゲノムのドラフト配列が発表された最初の論文が二〇一〇年であったことを考えると、十数年間での進歩はめざましい。そんなに遠くない未来、両者のニューラルネットワークの違いが明らかになるかもしれない。あるいは、違いがないということが、明らかになるかもしれない。どちらの結果でも、大きな進歩だ。

私たちは絶滅した生物のゲノム情報を得る方法を獲得した。生物学にとって、生物種の系統を論じることは、まず第一におこなわなければならないことであるので、古代型人類でも、まずそれがなされたが、ゲノム情報は、それだけに留まらない。本節で述べてきたように、過去の生物と現在の生物を比較して、免疫応答など、生存と関わる生体機能において、いかなる違いがあったか、ゲノム情報は実験的に検証する基礎となる。

それは先述のように、遺伝資源としての価値を包含する。本書の最後に、現在私たちが取り組んでいるプロジェクトについて、触れたいと思う。

縄文人・iPS細胞の試み

私たちは既に、古代型人類より身近な古代人、縄文人の全ゲノム情報を手にしている。現代日本人は、もともと日本列島に住んでいた縄文人と、約三千年前に大陸からやってきた渡来人との交雑によって生まれた。縄文人由来ゲノムは、現代日本人ゲノムの中で、どのような立ち居振る舞いをしているのだろうか？　この問いに対し、iPS細胞を使って調べようというプロジェクトを私たちの研究グループは進めている。

オリジナルのアイディア

ここで少し強調したいことは、このアイディアは、決してエヴァなど欧米の研究者のマネではなく、私のオリジナルのアイディアだ。ということだ。

何年か前に、東京大学の河村正二の呼びかけで、数回にわたってとある研究会が開かれた。河村は、ヒトを含む霊長類の感覚、特に色覚の研究に関して、分子レベルの進化を研究する日本を代表する研究者だ。その河村が、分子生物学を基礎として、ヒトやサルの進化的研究をしている若手を中心とした研究者一〇名ほどに声をかけ、研究会を開いた。私はその頃、既に若手と言える年齢ではなかったが、その研究会に呼んでもらい、勉強をさせてもらった。

研究会の後は、いつも飲み会だ。ある時の飲み会の席で、酔った私は「縄文人のｉＰＳ細胞ってできないですかねえ」と参加していた研究者たちに、自分の思いつきを話してみた。当時、伊川津縄文人のゲノム解読を進めていた私は、そのゲノム情報をもちいて、これまでに無い研究ができるのではないかと考えていた。それで、そのような発言に至ったのだけれど、そのとき「縄文人ｉＰＳ細胞」は、酒の肴としてはウケただけで、真面目に取り組む研究プロジェクトとして誰も認識しなかったろうし、私自身も自信がなかった。

ところが、現在一緒に縄文人ｉＰＳ細胞プロジェクトを進めている京都大学霊長類研究所の今村公紀（現・ヒト行動進化研究センター）は、当時も、わりと本気で面白がってくれた。今村は、ニホンザルやチンパンジーの細胞からｉＰＳ細胞を誘導する研究を進めていたので、この突飛なアイディアに興味をもってくれたようだ。

しばらくして、前出のマックスプランク・エヴァのＪ・グレイ・キャンプのグループが、

iPS細胞バンクをスクリーニングしてネアンデルタール人の脳オルガノイドを作成するアイディアを*bioRxiv*というプレプリント・サーバに挙げているのを見つけて、私は慌てた。プレプリント・サーバとは、査読が済む前の論文原稿を事前公開するサーバで、近年、一般化している。専門誌に投稿された論文の審査である査読には、時間がかかるので、査読で受理される前に、主に論文のアイディアの先見性を主張する目的で、プレプリント・サーバに原稿を事前公開する、これは一つの習慣である。キャンプらは、そうしたプレプリント・サーバに、自分達のアイディアを公開していた。

つまり、私たちが冗談で話していた「古代人のゲノムをつかって古代人の臓器の細胞を作る」というアイディアが、プレプリント・サーバで示されてしまっていた。どんなに突飛なアイディアでも、世界中には同じようなことを考える人物がいる。科学は、その意味で常に競争であり、先に結果を出した方が、勝者となる。私たちは、このアイディアにおいて、まだ敗者ではないが、その「突飛な考えの宣言」においてキャンプらに先を越されてしまったことには変わりがなかった。

そんなこともあり、また今村の後押しもあって、私たちは冗談ではなく本気で縄文人iPS細胞を作るプロジェクトを開始した。現在日本列島に住んでいる人々のゲノム中、一〇～二〇％が縄文人由来である。ネアンデルタール由来のゲノムが一～二％であるのと比べて、圧倒的に多い。そして、もちろん縄文人は、サピエンスだ。つまりゲノムのバックグラウンドが同じである。ネアンデルタールの遺伝子をサピエンスの細胞で発現させるということは、二種間のゲノムのバックグラウンドの違いが問題になる。しかし、私たちのプロジェクトでは、その問題は、ほとんどない。まだ勝負は始まったばかりだ、と思っている。

縄文人の孤立

縄文時代のスタートは、現在、約一万六千年前と言われている。最終氷期が終了し、温暖化が始まった時期とほぼ重なっている。それ以前は、氷期であったため、北海道はユーラシア大陸と地続きであり、朝鮮半島とは海を隔てているものの、現在よりはずっと距離が近かった。つまり、日本列島にホモ・サピエンスが住み始めた三万八千年前ごろから、縄文時代が始まるまで、日本列島はユーラシア大陸といまよりも行き来がしやすい状態だった。日本列島の後期旧石器時代の人々は、そういう環境で生活していた。

ところが、縄文時代がはじまった頃、あるいはそれより少し前から、日本列島はユーラシア大陸と海を隔てるようになった。縄文人が、日本列島の後期旧石器時代人の直接の子孫かどうかは、これも今後、検証すべき課題であるが、ともかく縄文時代、人々は大陸から孤立したと考えられている。

当時、どれくらいの航海技術があったか、私には分からないが、少なくとも後期旧石器時代より、縄文時代は、大陸との間で遺伝子流動の少ない時期だったのではないかと想像される。

糞石ゲノム解析

縄文人は、約一万六千年前から約三千年前まで、狩猟採集をして生活をしていた。一部、植物を栽培していたという見解を示す考古学者もいるけれど、私の知る限り、縄文時代に、いわゆる農耕があった、と強く主張する考古学者はほとんどいない。仮に栽培植物があったとしても、極例外的であったのではないだろうか、というのが、比較的標準的な見解なのではないかと思う。これもまた、いまだハッキリと断言できない検証すべき課題なのだ。

縄文人がどんなものを食べていたのかを検証する目的で、私たちは縄文人のウンチの化石（糞石）のゲノム解析を進めている。化石といっても、糞石には有機物が多く含まれていて、DNAも残っている。これらのDNAは、そのウンチをした縄文人その人のDNAはもちろん、腸内細菌のDNAを多く含む。そして、食べたもののDNAを含んでいると考えられる。

もし栽培植物があったとしたら、複数の縄文人からのウンチ（糞石）から特定の植物のDNAが、コンスタントに検出されるはずだ。逆に、もし栽培植物がなかったとしたら、摂食植物のＤＮＡは、多様性に富み、糞石試料ごとに大きな違いを検出できるだろう。国立農研機構の熊谷真彦と私たちの研究グループは、そうした作業仮説を立てて糞石ゲノムの分析を進めている。

狩猟採集民は炭水化物摂取量が低いのか？

約二八〇〇年前に、ユーラシア大陸から稲作農耕技術が九州の北部に伝わった。これをもって弥生時代の始まりとする考え方が一般的だ。弥生時代が始まるまでは、縄文人は基本的に狩猟採集生活をしていた。したがって、稲作農耕が開始し、すぐに人々の食生活が変化したか定かではないが、少なくとも現在よりは炭水化物の摂取量は、ずっと少なかったと思われる。縄文人のゲノムは、そうした狩猟採集生活に適応したゲノムであったと想像される。

もちろん、現代日本人と縄文人が、ＤＮＡレベルでほとんど違いがないなら、こうした議論は、あまり意味をなさないかもしれない。しかし、私たちが愛知県渥美半島の伊川津貝塚遺跡出土の女性人骨のゲノムを解析したところ、彼らの系統は、現代の東アジア人が東南アジア人と分岐するより前に分岐していたことが明らかとなった。現代日本人は、現代東アジア人の一部である。したがって、縄文人のゲノムは、現代日本人のゲノムと、そこそこ違っていたと言える。両者はＤＮＡレベルでそこそこ違っていたのだ。

ベジタリアンを対象としたエピジェネティクス研究で、ベジタリアンとベジタリアンではない人とで、DNAメチル化のパターンが異なっているという研究がある。炭水化物の摂取量については、エピジェネティクな変化については、まだ人類学的視点からは、あまり調べられていないが、メチローム解析をすることで、その違いを議論できるかもしれない。縄文人から、ゲノム情報だけでなく、メチローム情報も得ることができる技術的基盤は既に整っている。

感染症との関係

渡来人は、稲作の技術だけでなく、大陸から縄文人の経験したことのない病原体をも持ち込んだかもしれない。渡来人と縄文人の間で交雑が進む過程で、こうした病原体との関わりから、免疫応答と関係する遺伝子は、どのように変化していっただろうか？

この問題に関しては、アリゾナ大学のデビッド・エナードのグループが、約二万年前かそれ以上前に東アジアの人類集団で、コロナウイルスに対する強い遺伝的適応があった可能性を彼らの論文の中で報告している。約二万年前の大陸で正の自然選択を受けた複数の遺伝子でおこった変異が、縄文人に伝わったのかは、私たちの研究グループにとって明らかにすべき重要な課題の一つだ。

コロナウイルスに限らず、生物は様々な病原性の寄生体に対して、様々な防御機構を生息域ごとに発達させている。それに関連する遺伝的変異は、様々なかたちで、子孫に伝えられる。時間を越えて起こったパンデミックに対する防御機構が、偶然、現代の私たちに伝わっている可能性もある。

現代の私たちにとって、死因の中に占める感染症の割合は、それほど高くはない。しかし、先史時代の人類にとって、ガンよりもずっと身近で恐ろしい病が感染症だった。自然選択を受けるとしたら、死因や出生率に影響をあたえる変異だろう。そう考えると、私たちのゲノムの形成に感染症は非常に大きな影響を及ぼしていると考えられる。こうした視点からも、ヒトの培養細胞を使った実験は、とても有効だ。

縄文人の臓器オルガノイド

現代日本人と縄文人との生理や代謝、免疫などの違いをｉＰＳ細胞をもちいて調べようというのが、私たちのプロジェクトである。

東京大学の大橋順らは、日本列島に住む人々の地域差が、ゲノムにおける縄文人由来ゲノムの割合によるところが大きい可能性を指摘している。つまり、ゲノム中の縄文人由来領域が、どのような働きをしているかは、日本人の遺伝的特性を明らかにする鍵を握っている。現在日本列島に住む人々のゲノムをサーチし、縄文人から受け継いでいるゲノム領域（縄文人由来ゲノム領域）を持つ細胞をｉＰＳ化することにより、特定の臓器に関して縄文人タイプのオルガノイドを作ることができる（図32）。

先述のように、日本には、HipSci のように、集団遺伝学的研究を前提とした、健常者の

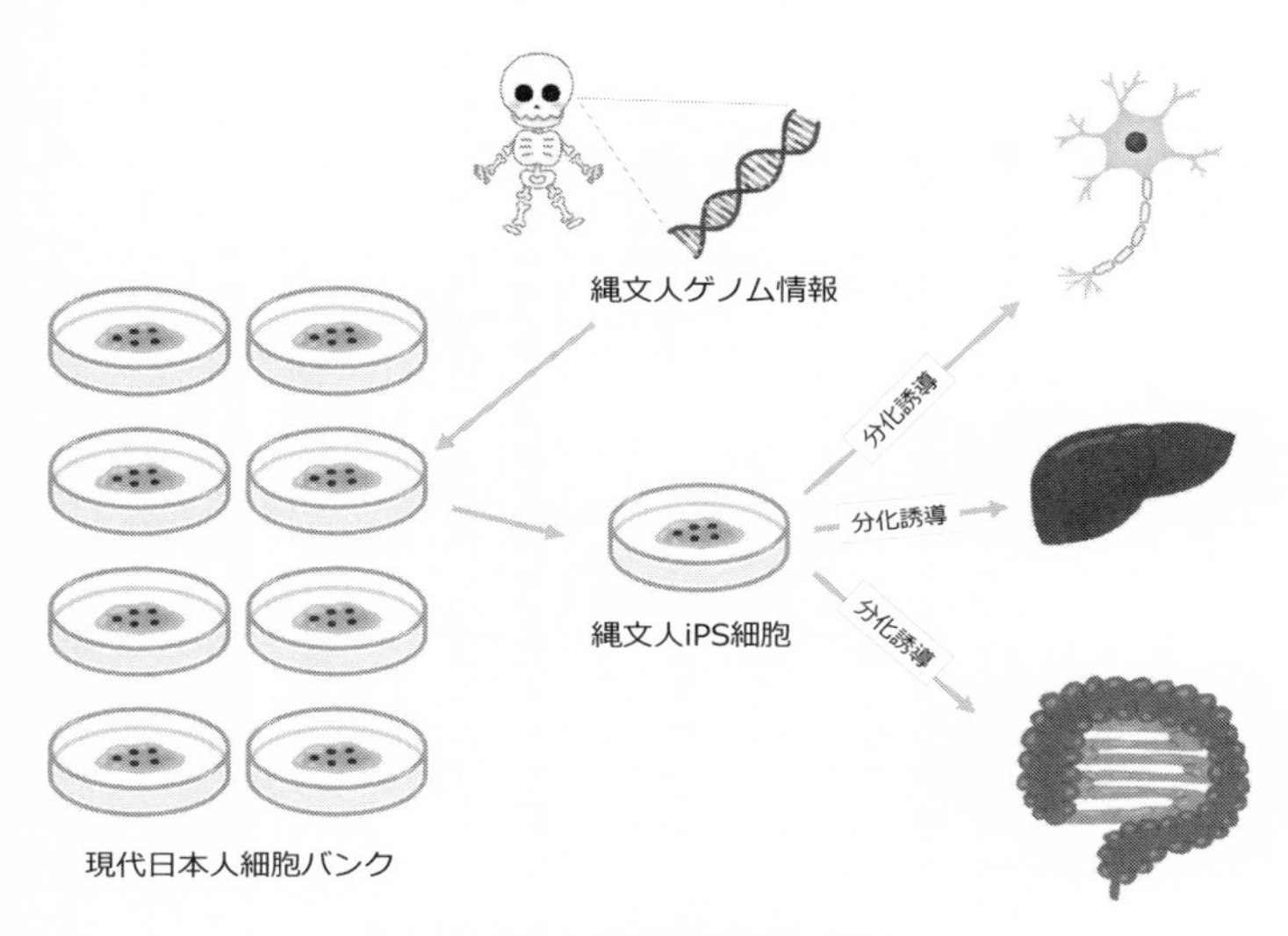

図32　縄文人iPS細胞構築の試み

細胞から作られたｉＰＳ細胞の細胞バンクは、まだ存在しない。しかし、多くの匿名化された細胞を保管する、細胞バンクは存在する。たとえば、東北メディカル・メガバンクが保有する多くの細胞のゲノム情報をバイオインフォーマティクス的に解析し、縄文人由来タイプを興味あるゲノム領域にもつ細胞を見つけ出す。この仕事は、私たちの研究室の特任助教・渡部裕介が進めている。

今村は、ｉＰＳ細胞を誘導する専門家であるので、細胞さえあれば、ｉＰＳ細胞を作製できる。渡部が細胞バンクから縄文人由来のゲノム領域を多くもつ人の細胞を見つけてくれれば、縄文人由来ゲノムを持つｉＰＳ細胞を作製できる。その前に、自分達の手で過去に不死化したヒト培養リンパ球細胞のうち、縄文人由来ゲノム領域をより多くもつと期待される細胞から、今村はｉＰＳ細胞を既に作製している。

繰り返しになるが縄文人はサピエンスである。現代の東アジア人が、東南アジア人と分岐する以前に、東南アジア人から分岐した古い系統に属する人々であるけれど、私たちと同じサピエンスであり、アジア人であることには変わりない。なので、現代日本人と縄文人の間では、アミノ酸の違いを伴うような違いは、ずっと少ない。私たちの研究室の助教・小金渕佳江は、既に公開されている数体の縄文人ゲノムをイン・シリコ（コンピュータの中）で解析し、そうした変異を調べたが、そんなにたくさんはなかった。たくさんない、というよりも、数えるほどしかない。やはり着目すべきは、遺伝子発現の制御をするプロモータ領域にあるＳＮＰだと予想される。

狩猟採集民であった縄文人と、稲作農耕民であった渡来人との交雑である現代日本人は、二つの生業形態にそれぞれ適応したゲノムを、いろいろな割合で、混ぜて持っている。たとえば、ある遺伝子のプロモータ領域において、縄文人固有のハプロタイプをもつ一〇系統のｉＰＳ細胞と、現代日本人のハプロタイプをもつ一〇系統のｉＰＳ細胞から、特定の臓器、例えば肝臓のオルガノイドを作成し、細胞ひとつひとつが発現している遺伝子全体を比較する（こういう解析をトランスクリプトーム解析）というような実験が可能だ。これにより、縄文人の肝臓と現代日本人の肝臓の違いを明らかにすることができると期待している。

いや、もしかしたら、縄文人の肝臓と現代日本人の肝臓は、遺伝子発現レベルで、なにも違いが無いかもしれない。結果がそうであっても、面白いと私は思っている。縄文人と現代日本人は、明らかに異なる生活環境で生きているので、遺伝子発現レベルで両者に違いがないのだとすれば、それぞれの環境適応は、文化や技術に因るところが大きいとする考えを補強することになる。それは、縄文人のゲノム情報が無かった頃から未解決のままである課題を、まさに検証する作業だ。

証拠が曖昧なまま議論を進めるのでなく、ひとつひとつのファクトを確認しながら、議論を展開していく。それがサイエンスであり、学問にとってもっとも重要な思考プロセスだからだ。

文化の厚みが支える科学——エピローグ

一八年ぶりのドイツ

二〇一九年一月、私はドイツのイエナで開催された、あるシンポジウムに参加した。イエナには、マックスプランク人類史科学研究所（Max Planck Institute for the Science of Human History）があり、そこで開かれた文理融合のシンポジウムに、国立遺伝学研究所の斎藤成也から、日本からの参加者の一人として誘ってもらったのだ。

私はエヴァでの二年間の生活を経たのち、二〇〇一年四月にアメリカへ渡り、二〇〇五年に日本に帰国した。以来、ドイツを訪れる機会が無かったので、一八年ぶりのドイツであった。

ライプチヒ中央駅から南西へ電車で一時間半くらい移動した場所に、イエナはある。人口十万人ほどで、こぢんまりとした街だ。ドイツの都市は、どこもそうなのだけれども、そのコンパクトな空間に、伝統と文化が詰まっている。イエナの学問の歴史も古く、深い。一八〜一九世紀初頭にかけてドイツ観念論の中心となった場所であり、チャールズ・ダーウインの後継者的存在であった比較解剖学者のエルンスト・ヘッケルが晩年すごした街だ。

マックスプランク研究所の力

イエナのマックスプランク研究所における考古遺伝学部門のディレクターはヨハネス・クラウゼというひとで、ライプチヒにあるマックスプランク・エヴァのスヴァンテ・ペーボのもとで、ネアンデルタールやデニソワ人の全ゲノム解析のプロジェクトにおいて、中心的役割を果たした人物だ。エヴァで世界的な成功を収め、新たな学問領域として拡大した古代ゲノム学の、もう一つの拠点として、マックスプランク協会が、イエナにこの研究所を設立したのだと聞いている。

マックスプランク研究所（Max-Planck Institute：MPI）はドイツ国内を中心に生物学、医学、化学、物理学、工学、人間科学など多岐にわたる分野の八十以上のブランチを持ち、おそらく一つの研究所としては、もっとも多くのノーベル賞受賞者を輩出している。

マックスプランク協会の前身はカイザー・ヴィルヘルム協会で、二〇世紀初頭、ドイツ帝国時代に、自然科学の振興のため設立され、その後、ナチス・ドイツの下、殺戮兵器や強制収容所でのユダヤ人虐殺に関連する技術開発に関与した。

戦後、イギリス占領下で、ノーベル物理学賞受賞者であるマックス・プランクが会長に就任し、第二次世界大戦中の非人道的活動への反省を踏まえ、世界平和と科学の発展を目指し、マックスプランク協会と改名、マックスプランク研究所が設立された。

ドイツにある大学は、全て国立大学であるが、マックスプランク研究所は、いかなる大学からも独立している。スクラップ・アンド・ビルド方式といって、成長めざましい研究分野には、巨額な投資をし、また成果の出ない研究所は、迅速に潰してしまうか、縮小し、将来性のある別の分野と合併させ、新しい研究所を創設する。イエナのマックスプランク研究所もそのように新設された研究所である。

私は大学院生の頃、不遜にも、スヴァンテ・ペーボを、同じ分野のライバルと思っていた。いつか追いつき、追い抜こう、と。しかし、結果的にとても歯が立たなかった。そして、私が古代ＤＮＡから遠ざかっている間に、ネアンデルタール人ゲノム解読で、ヒトの進化史を塗り替える成果が、次々と報告されていった。

古代ＤＮＡ分析という手法が生まれた当初、技術的な側面では、それほど差が付いているとは思えなかった。むしろ、手先の器用さでは自分の方が上だとさえ思っていた。しかし、気がついたら、巨大な差が付いてしまった。

何故そうなったのか？　と、しばしば考える事がある。もちろん、私個人の能力が足りなかったことが、最大の原因だろう。それは、そうなのだけれど、ポスドクとしてドイツ、アメリカで暮らし、日本に戻ってきた時に見た状況は、学問や科学だけでなく、経済までも、ただひたすら低迷する日本の姿だった。古代ゲノム学が日本主導ではなく、スヴァンテたち欧米主導で発展した流れと、私はその姿を、どうしても重ねて見てしまう。

自分の能力の無さを棚に上げて、社会や環境のせいにするのは、愚かなことだ。そうはいっても一個人の努力ではどうにもならないことがある。スヴァンテが、ここまで古代ゲノム学を発展させることができた理由の一つとして、マックスプランク協会の存在は、大きいと思う。スクラップ・アンド・ビルド方式と協会全体として年間二兆円を越える予算。どちらも、日本では、望んでも叶わないものだ。

それだけではない。若い研究者を「幹部候補」として、育てる仕組みがマックスプランクにはある。たとえばエヴァでは、大学院生やポスドクも、一人に一つの居室が与えられていた。大学院生の実験には、それをサポートする技術者が、少なくとも一名、付いていた。日本では、大学院生が学費を支払い、奨学金を得ることも狭き門で、たいて大人数で一つの部屋を居室としている。この差はあまりにも大きい。エヴァに集まってくる若者たちは、失敗のリスクをかえりみず、何の役に立つか分からない研究に没頭できる。彼らには、ただ興味があるというだけで、ひたすら研究に取り組むことができる環境が、与えられているのだ。

日本の科学が巻き返しを図るなら、まず日本の若い世代の研究者が、世界とハンディーキャップなしに競争できる環境を整えるべきだ。そのためには、まず、彼らの生活を少しでも安定なものにする必要がある。優遇しろと言っているのではない。大学を出た後に五年以上の専門教育を受けた若者が、仕事を見つけることも難しい。運良く大学に助教などの職を見つけることができたとしても、数年後、それがなくなるかもしれない。いつ職を失うか分からない待遇で、思い切った研究ができるわけがない。日本の若い研究者たちは、不安定な立場に甘んじるしかなく、世界との競争の中で甚大なハンディーを負っている。そんな不安定な状況だけは、最低限、是正されるべきだ。

縄文人ゲノムの人気

イエナでのシンポジウムが始まった（図33）。私の講演は三日目だったので、最初の二日間、私はゆっくりと他の講演者の話を楽しむことができた。そんな中、次々と登壇する欧米の若い研究者達の講演を聴いていて、驚いた。

このシンポジウムは、もともと、考古学、言語学、遺伝学など、文系・理系という日本のみで通用する分類を問わない、多様な分野の研究者が集まって、議論をする主旨であったが、特に若い研究者は、分野を超越していた。仮に興味の中心が考古学や言語学であっ

図33　イエナで開かれたシンポジウム

ても、ゲノム情報をもちいた解析をおこない、例えば考古遺物の出土地域と、近傍の古人骨からのゲノム情報との関連を分析するといったような研究を、普通におこなっていた。

しかし、驚いたこととは、そのことではなかった。そうしたゲノム情報をもちいた解析で、前年七月に私たちが発表した、伊川津縄文人のゲノムデータが、ほぼ一〇〇％使われていたことだった。少なくとも、ユーラシア大陸のヒトの拡散を分析した研究発表では、もれなく、伊川津女性ＩＫ００２のデータが使われていた。もちろん、論文で発表するゲノム情報はデータベースで公開されていなければならないと、ほぼ全ての専門誌でルールとして決まっているので、私たちが出したデータも、もちろんデータベースに登録されていて、面識のない研究者が、それらをダウンロードして使っていること自体は、何も不思議はない。しかし、次々に登壇する講演者が、こぞってＩＫ００２のゲノムデータを分析に使っていた。これには、隔世の感があった。何と彼女は人気者なことだろう！

私たちが、縄文人骨から抽出したＤＮＡの塩基配列を読み始めたころ、周囲からよく言われた言葉があった。

「縄文人のゲノム解読なんて、国際的には注目されないのではないか？　ネアンデルタール人のゲノムなら、世界の関心を集めるだろうけれど、縄文人のゲノムを解読しても、国際的には誰も知らなくて、関心の的にはならないのではないか？」

こうした意見には、私自身、ある程度、屈するしかなかった。おっしゃるとおり、日本に住んでいる人にとって、縄文人は自分達の祖先であり身近な古代人かもしれないけれど、欧米の一般人にとっては、Jomon people なんて聴いたこともない people かもしれない。

ところが、このイエナのシンポジウムに参加して、その考えは、間違いであることに気付かされた。縄文人への関心は、私たちが考えていた以上に、グローバルだった。このシンポジウムの翌年、覚張・中込を中心とする私たちはＩＫ００２を主役とした論文を発表した。その中で、私たちは、東ユーラシア基層集団の形成と縄文人の系統が深く関わることを論じた。出アフリカしたサピエンスの拡散史を語る上で、縄文人は欠かすことのできない存在なのだ。

雪で足止めを食らって考えた事

シンポジウムの最終日には雪が降った。私は、イエナの次に、ケンブリッジ大学で開かれる会合に出席する予定だったので、その日のうちに飛行機で移動する必要があったが、雪のせいでフライト・スケジュールは乱れているようだった。

ヒースロー空港行きの飛行機は、遅れているとの知らせを受けていた。飛ぶか飛ばないか、分からないけれど、ともかくライプチヒ空港まで戻ろう、と電車に乗った。すると、たまたまブリギータ・パッケンドルフと同じ車両だった。彼女は、私がエヴァにいたときの上司であるマーク・ストーンキングのパートナーで、今回のイエナでのシンポジウムに参加していた。いまでもライプチヒに住んでいるブリギータに、街の様子を聴くと「随分変わったよ」と話していた。

ライプチヒ中央駅で降り、ブリギータと別れたあと、私と琉球大学の松波雅俊は、ライプチヒの街を少し散策することにした。雪のため、夕方に発つはずの飛行機は、早くても夜にしか飛ばない、という情報を得ていたからだ。

ライプチヒの街並みは、ブリギータの言葉とは違い、私の目には、ほとんど変わっていない一八年前のままだった。私が住んでいた頃は、ちょうど東西ドイツ統一から一〇年経った時期で、当時はまだレーニンのモニュメントが残っていたりして、社会主義時代の面影があった。それがすっかり無くなったという意味では、変化が見られたけれど、街のハードな構造、例えば建物の配置は、一八年前と全く変わりはなかった。

一六世紀に建てられたライプチヒ市庁舎は、現在、市の歴史博物館になっているが、そこには当時の街並みがジオラマとして再現されていて、その頃の建物の配置と現在の建物の配置は、ほとんど変わらない。二〇世紀になり、ナチズム、社会主義、資本主義と、ライプチヒの人々は、めまぐるしい社会変革にさらされてきた。そうした意味では変わり続けているし、ブリギータが言うように、街の雰囲気も、常に変化し続けているのだろう。でも、街の骨格のようなもの、構造は、ずっと変わっていないと感じた（図34）。

旧東独地域で第二の大都市といっても、ライプチヒの人口規模は、東京都の二五分の一以下だ。にもかかわらず、グラッシャ博物館という、ヨーロッパでも最大級の博物館があり、知を集積し続けている。古代ゲノム解析技術が進歩した現在、博物館は文化的リソースの保管施設という役割以外に、生物学的遺伝資源の保管施設としても価値を持つ。

百年以上の歴史があるライプチヒ動物園では、私がライプチヒに住んでいた頃から改修

図34　ライプツィヒのゲーテ像

工事が始まり、現在は巨大な温室ドームでジャングルを再現する「未来型動物園」が完成し、ヨーロッパ全土から観光客が集まっている。この温室ドームには、大型類人猿であるチンパンジー、ボノボ、ゴリラ、オランウータンが、そろっている。この四種がいっぺんに、一所にそろっている場所は、研究機関を含めて、世界でここだけだ。正確な事情は知らないが、進化人類学研究所であるエヴァとのタイアップから生まれた施設だ。いずれにしても、市の観光の目玉のいくつかが、学術と深く関わっている。

マックスプランク・エヴァの創設にあたり、マックスプランク協会が、研究所設立の候補地にライプチヒを挙げたのは、旧東独地域の活性化に、研究所の存在が役立つと考えたからのようだ。前述のように、日本ではあまり知られていないが、ライプチヒは観光都市として発展してきている。エヴァから放たれる話題性の高い数多くの論文が、その発展に少なからぬ貢献をしていると言っていい。基礎科学が、こうした形で街の経済的繁栄に貢献するという事例は、日本ではほとんど見たことがない。そんな観点からも、私たちはエヴァから学ぶべきものは、多い。

私たちは、スーツケースを引きずりながら、パサージュを歩き、ライプチヒ観光のクライマックスであるトーマス教会を目の前にするレストランに入った。夕食まで、まだ間がある時間帯だったので、レストランの中は、ガラガラだった。私たちはいかにもドイツ料理といった風情のシュバイネハクセを注文した。この豚足を丸焼きにしただけの料理は、もともとライプチヒのものではなく、ミュンヘン辺りの名物だが、とりあえずビールには合う。ドイツではレストランが独自のブルワリーを持っていることが珍しくない。私たちはこのレストランのクラフトビールを飲みながら時間をつぶした。トーマス協会を眺めながら、この文化の厚みには敵わないな、と心の中でつぶやいてしまった。どう巻き返すか、以来ずっと考えている。

あとがき

本書の原稿を書き終えるに当たり、まず謝意を述べたいのは、吉川弘文館・編集部の永田伸さんだ。永田さんに最初にこの『歴史文化ライブラリー』シリーズの執筆のお話をいただいたのは、私の記録によると二〇一四年三月で、以来、脱稿まで八年以上の月日がかかってしまった。

この最初の段階で、私は何を書くかハッキリ決めていなかったのではないかと思われるが、次に永田さんが、当時私が住んでいた世田谷区まで足を運び、自宅近くの喫茶店でさらに執筆を勧めて下さったのは二〇一七年六月であった。この段階で私は「現在、私たちの研究グループは、縄文人のゲノム解読を進めている。これについて書かせていただきたい」と述べたと思う。ただし「まだ、英語の原著論文を準備しているので、それが出版されるまでは、待って欲しい」と話した。

それから一年後に、縄文人ゲノム解読のドラフト配列決定を報告する原著論文が出版された。であるので、執筆をドンドン進めるべきであったが、その執筆途中、私が勤め先を異動した時期と重なってしまい、またそれがストップしてしまった。

二〇一九年四月に私たちは現在のラボに引っ越したが、記録によれば、その二ヶ月前に私は文京区本郷三丁目にある吉川弘文館の本社ビルを訪問し、永田さんと本書の方向性を再度確認している。が、そこからさらに三年も要してしまった。本当に申し訳ない気持ちでいっぱいだ。

言い訳はたくさんある。本格的に執筆を始めた矢先、新型コロナの流行で、本務の多忙さが著しくなったことも、その言い訳の一つだ。

しかし、本当に執筆が遅れた理由は、本書で取り上げた「古代ゲノム学」が急速な成長過程にあったため、私が、どこまで最先端の知見を紹介すればよいか混乱した、ということがあった。それが理由といっても言い過ぎでない。

二〇一〇年にネアンデルタール人ゲノム・ドラフト配列が発表されて以来、怒濤の勢いで論文が発表され、私自身が、それらを読んで理解するのに追われる状態であった。*Nature* 誌や *Science* 誌に次々に発表される論文をフォローし、どの知見を本書に盛り込むか……悩むうちに、全部を紹介することを諦めることにした。この方向へ執筆のアイディアが変わり、少し執筆を進めることができるようになった。

論文の洪水を少し引きの視点で見るようにして、古代ゲノム学の（私個人から見た）学史を、ごく有名な論文だけにしぼって紹介する。そして、どのような理由から私たちが縄文人ゲノム解読を進めることになったか、その経緯を物語る。そういう構成を固めたことにより、ようやく何とか書き進めることができた。その間、永田さんは匙を投げることなく、ひたすら辛抱強く私を励まして下さり、本当に感謝している。

実は、この脱稿の少し後、本書で多く登場したスヴァンテ・ペーボが、ノーベル生理学・医学賞を受賞したとのニュースが舞い込んできた。ここでこの受賞について触れないわけにはいかない。カロリンスカ研究所から発せられたプレスリリースによると、受賞理由には、ネアンデルタール人とデニソワ人のゲノム解読が挙げられていた。が、本書で述べたように、初期の古代DNA分析を可能にした技術はPCR法であり、二一世紀に入って古代ゲノム解析を躍進させたのは次世代シークエンシング技術で、いずれもスヴァンテの発明ではない。彼の業績は、そうした技術的なことではなく、むしろそれ以上に「古代ゲノム学」という学問分野を創設した業績が高く評価されたようだ。

資本主義の行き詰まり、地球環境の問題、そして戦争。人類が大きな岐路に立つ現代において、「ヒトとはどういう生物か?」「私たちはどこへ進むべきか?」をあらためて問う必要性を多くの人々が思うところなのかもしれない。人類学や進化学は、そうした根源的な問いに、何か答えを与えてくれるかもしれない。そんな期待も今回の受賞からは感じられる。そうした意味で、私からも「古代ゲノム学」を創設したスヴァンテに心からの祝意を表したい。

本書の「絶滅生物のDNAを追う」と「古代ゲノムが書き替えたサピエンス史」では、古代ゲノム学が、古代DNA分析として誕生し、成長していく様子を記述した。この執筆過程で、私は「(今思えば) スタート地点では、それほど違いがなかったが、スヴァンテたちは、古代ゲノム学を大きく成長させた。だのに、どうして私（たち）は、古代ゲノム学を世界的に牽引できなかったのだろう?」ということを、文章を書きながら考えるようになった。自分の力不足という以外に、何かあるように感じているけれど、まだそれを言語化できていない。そのまとまらなさをエピローグで吐露することとした。それとおそらく強く関連して伝えたかったのは、日本の若い世代が世界を相手に研究をする環境の乏しさが、いかんともしがたい状況であること。これは私たちの研究分野に限ったことではなく、日本の科学がおかれているとても危機的な状況で、何とかしないと本当に未来はない。「日本列島にたどり着いたサピエンス」では、私たちを含めた日本の研究者たちを中心とした縄文人ゲノム解読の成果を記した。私たち自身の成果について、日本語でまとまった形でお伝えしたのは、今回が初めてである。なので、国際誌を報告した二つの原著論文

『東南アジアの先史人類集団の形成（二〇一八年）』と『縄文人ゲノム配列解析は初期東アジア人類集団の移住を明らかにする（二〇二〇年）』の全ての著者に感謝の意を伝えたい。中でも、ＩＫ００２という縄文女性人骨を分析する機会を与えてくれた増山禎之さん（田原市教育委員会）、山田康弘さん（東京都立大学）には、深い感謝を伝えたい。

「古代ゲノム学はどこへ向かうのか」では、私たちの現在進行形のプロジェクトについて紹介した。本書では、そのごく一部の仲間の名前を挙げさせてもらったが、それぞれのプロジェクトには、たいへん多くの共同研究者がいる。私たちのほとんど全てのプロジェクトで一緒に仕事を進めてくれている米田穣さん（東京大学総合研究博物館）をはじめ、全ての共同研究者の皆さんにこの場を借りて、お礼を述べたい。

そして、本稿の最終段階で覚張隆史さん（金沢大学）と海部陽介さん（東京大学総合研究博物館）に原稿をご確認いただいた。丁寧に見ていただき、的確なご指摘とコメントをいただいたことに感謝し、筆をおきたいと思う。

二〇二二年九月二三日

太田博樹

引用・参考文献

引用文献

〈日本語文献〉

海部陽介（二〇一九）『日本人はどこから来たのか？』文藝春秋
斎藤成也（監修）、木村亮介、鈴木留美子、河合洋介、松波雅俊（二〇二〇）『最新ＤＮＡ研究が解き明かす。日本人の誕生』秀和システム
河内まき子（二〇〇五）「追悼文：埴原和郎先生」『Anthropological Science（Japanese series）』第一一三巻第一号
キャリー・マリス（二〇〇四）『マリス博士の奇想天外な人生』（福岡伸一訳）早川書房
榊　佳之（二〇〇七）『ゲノムサイエンス　ゲノム解読から生命システムの解明へ（ブルーバックス）』講談社
坂野　徹、竹沢泰子（共編）（二〇一六）『人種神話を解体する２　科学と社会の知』東京大学出版会
佐藤宏之（二〇一九）『旧石器時代―日本文化のはじまり』敬文舎
篠田謙一（二〇〇七）『日本人になった祖先たち―ＤＮＡから解明するその多元的構造』ＮＨＫ出版
篠田謙一（二〇一九）『新版　日本人になった祖先たち―ＤＮＡが解明する多元的構造』ＮＨＫ出版

スヴァンテ・ペーボ（二〇一五）『ネアンデルタール人は私たちと交配した』（野中香方子訳）文藝春秋
竹沢泰子、ジャン＝フレデリック・ショブ（共編）（二〇二二）『人種主義と反人種主義：越境と転換』京都大学学術出版会
寺田和夫（一九七五）『日本の人類学』思索社
中橋隆博（二〇〇五）『日本人の起源　古人骨からルーツを探る』講談社
根井正利（一九九〇）『分子進化遺伝学』（五條堀孝・斎藤成也訳）培風館
埴原和郎（一九九五）『日本人の成り立ち』人文書院
埴原和郎（一九九六）『日本人の誕生　人類はるかなる旅』吉川弘文館
本庶　佑（二〇一三）『ゲノムが語る生命像』講談社
マイクル・クライトン（一九九三）『ジュラシック・パーク』（酒井昭伸訳）早川書房
山田康弘（二〇一五）『つくられた縄文時代　日本文化の現像を探る』新潮社
ユヴァル・ノア・ハラリ（二〇一六）『サピエンス全史』（柴田裕之訳）河出書房新社
リチャード・G・クライン、ブレイク・エドガー（二〇〇四）『5万年前に人類に何がおきたか？―意識のビッグバン』（鈴木淑美訳）新書館
Micklos D.A. et al.（2010）『ＤＮＡサイエンス　第二版』（清水信義ほか監訳）医学書院

〈外国語文献〉
Adachi N., Shinoda K., Umetsu K., and Matsumura H.（2009）Mitochondrial DNA Analysis of Jomon

Skeletons from the Funadomari Site, Hokkaido, and Its Implication for the Origins of Native American. *Am J Phys Anthropol* 138(3):255-65.

Brunet M., Guy F., Pilbeam D., et al. (2002) A new hominid from the Upper Miocene of Chad, Central Africa. *Nature* 418(6894):145-51.

Cann R.L., Stoneking M., Wilson A.C. (1987) Mitochondrial DNA and human evolution. *Nature* 325 (6099):31-6.

Dannemann M., He Z., Heide C., et al. (2020) Human Stem Cell Resources Are an Inroad to Neandertal DNA Functions. *Stem Cell Reports* 15(1):214-225.

Enard D., Petrov D.A. (2018) Evidence that RNA Viruses Drove Adaptive Introgression between Neanderthals and Modern Humans. *Cell* 175(2):360-371.e13.

Gakuhari T., Nakagome S., Rasmussen S., et al. (2020) Ancient Jomon genome sequence analysis sheds light on migration patterns of early East Asian populations. *Commun Biol* 3(1):437.

Gokhman D., Lavi E., Prüfer K., et al. (2014) Reconstructing the DNA methylation maps of the Neandertal and the Denisovan. *Science* 344(6183):523-7.

Gokhman D., Mishol N., de Manuel M., et al. (2019) *Cell* 180(3):601.

Green R.E., Krause J., Ptak S.E., et al. (2006) Analysis of one million base pairs of Neanderthal DNA. *Nature* 444(7117):330-6.

Green R.E., Krause J., Briggs A.W., et al. (2010) A draft sequence of the Neandertal genome. *Science* 328

(5979):710-722.

Hanihara K. (1991) Dual Structure Model for the Population History of the Japanese. *Japan Review* 2:1-33.

Higuchi R., Bowman B., Freiberger M., et al. (1984) DNA sequences from the quagga, an extinct member of the horse family. *Nature* 312(5991):282-4.

Holmes E.C., Page R.D.M. (1998) *Molecular Evolution: A Phylogenetic Approach*. Blackwell Publishing.

Horai S., Kondo R., Murayama K., et al. (1991) Phylogenetic affiliation of ancient and contemporary humans inferred from mitochondrial DNA. *Philos Trans R Soc Lond B Biol Sci* 333(1268):409-16

HUGO Pan-Asian SNP Consortium (2009) Mapping human genetic diversity in Asia. *Science* 326(5959):1541-5.

International Human Genome Sequencing Consortium (2001) Initial sequencing and analysis of the human genome. *Nature* 409(6822):860-921.

International Human Genome Sequencing Consortium (2003) Finishing the euchromatic sequence of the human genome. *Nature* 431(7011):931-45.

Jarvie T., Harkins T. (2008) Transcriptome Sequencing with the Genome Sequencer FLX system. *Nature Methods* 5(9):vi-viii.

Kaessmann H., Pääbo S. (2002) The genetical history of humans and the great apes. *J Intern Med* 251(1):1-18.

Kaifu Y., Izuho M., Goebel T., et al. (eds) (2015) Emergence and diversity of modern human behavior in

Paleolithic Asia. Texas A & M University Press College Station.

Kanzawa-Kiriyama H., JinAm T.A., Kawai Y., et al. (2019) Late Jomon male and female genome sequences from the Funadomari site in Hokkaido, Japan. *Anthropological Science* 127(2):83-108.

Kilpinen H., Goncalves A., Leha A., et al. (2017) Common genetic variation drives molecular heterogeneity in human iPSCs. *Nature* 546(7658):370-375.

King M.C., Wilson A.C. (1975) Evolution at two levels in humans and chimpanzees. *Science* 188(4184):107-16.

Kochiyama T., Ogihara N., Tanabe H.C., et al. (2018) Reconstructing the Neanderthal brain using computational anatomy. *Sci Rep* 26;8(1):6296.

Koganebuchi K., Oota H. (2021) Paleogenomics of human remains in East Asia and Yaponesia focusing on current advances and future directions. *Anthropological Science* 129(1):59-69.

Kondo O., Fukase H., Fukumoto T. (2017) Regional variations in the Jomon population revisited on craniofacial morphology. *Anthropological Science* 125(2):85-100.

Krause J., Fu Q., Good J.M., et al. (2010) The complete mitochondrial DNA genome of an unknown hominin from southern Siberia. *Nature* 464(7290):894-7.

Krings M., Stone A., Schmitz R.W., et al. (1997) Neandertal DNA sequences and the origin of modern humans. *Cell* 90(1):19-30.

Kurosaki K., Matsushita T., Ueda S. (1993) Individual DNA identification from ancient human remains.

Am J Hum Genet 53(3):638-43.
Matsumura H., Hung H.C., Higham C., et al.（2019）Craniometrics Reveal "Two Layers" of Prehistoric Human Dispersal in Eastern Eurasia. *Sci Rep* 9(1):1451.
McColl H., Racimo F., Vinner L., et al.（2018）The prehistoric peopling of Southeast Asia. *Science* 361(6397):88-92.
Nakai R., Ohnuki M., Kuroki K., et al.（2018）Derivation of induced pluripotent stem cells in Japanese macaque（*Macaca fuscata*）*Sci Rep* 8(1):12187.
Omoto K., Saitou N.（1997）Genetic origins of the Japanese: a partial support for the dual structure hypothesis. *Am J Phys Anthropol* 102(4):437-46.
Oota H., Saitou N., Matsushita T., et al.（1995）A genetic study of 2,000-year-old human remains from Japan using mitochondrial DNA sequences. *Am J Phys Anthropol* 98(2):133-45
Pääbo S.（1985）Molecular cloning of Ancient Egyptian mummy DNA. *Nature* 314(6012):644-5.
Raghavan M., Skoglund P., Graf K.E., et al.（2014）Upper Palaeolithic Siberian genome reveals dual ancestry of Native Americans. *Nature* 505(7481):87-91.
Reich D., Green R.E., Kircher M., et al.（2010）Genetic history of an archaic hominin group from Denisova Cave in Siberia. *Nature* 468(7327):1053-60.
Ronagi M.（2001）Pyrosequencing Sheds Light on DNA Sequencing. *Genome Research*, 11, 3-11
Sarich V.M., Wilson A.C.（1967）Immunological time scale for hominid evolution. *Science* 158(3805):1200-

3.

Shinoda K., Nakai S. (1999) Intracemetery Genetic Analysis at the Nakazuma Jomon Site in Japan by Mitochondrial DNA Sequencing. *Anthropological Science* 107(2):129-140.

Souilmi Y., Lauterbur M.E., Tobler R., et al. (2021) An ancient viral epidemic involving host coronavirus interacting genes more than 20,000 years ago in East Asia. *Curr Biol* 31(16):3504-3514.e9.

Stein L.D. (2004) Human genome: end of the beginning. *Nature* 431(7011):915-6.

Suzuki H, et al. (1970) *The Amud Man and His Cave Site*. Academic Press of Japan.

The 1000 Genomes Project Consortium (2015) A global reference for human genetic variation. *Nature* 526(7571):68-74.

Trujillo C.A., Rice E.S., Schaefer N.K., et al. (2021) Reintroduction of the archaic variant of NOVA1 in cortical organoids alters neurodevelopment. *Science* 371(6530):eaax2537.

Venter J.C., Adams M.D., Myers E.W., et al. (2001) The sequence of the human genome. *Science* 291(5507):1304-51.

Vernot B., Akey J.M. (2014) Resurrecting surviving Neandertal lineages from modern human genomes. *Science* 343(6174):1017-21.

Vigilant L., Stoneking M., Harpending H., et al. (1991) African populations and the evolution of human mitochondrial DNA. *Science* 253(5027):1503-7.

Watanabe Y., Ohashi J., (bioRxiv) Detection of ancestry-derived variants of modern Japanese revealed the formation process of regional gradations of the current Japanese archipelago population.

Watson J.D, Crick F.H.（1953）Genetical implications of the structure of deoxyribonucleic acid. *Nature* 171（4361）:964-7.

White T.D., Asfaw B., DeGusta D., et al.（2003）Pleistocene Homo sapiens from Middle Awash, Ethiopia. *Nature* 423（6941）:742-7.

Woodward S.R., Weyand N.J., M Bunnell（1994）DNA sequence from Cretaceous period bone fragments. *Science* 266（5188）:1229-32.

Zeberg H., Pääbo S.（2020）The major genetic risk factor for severe COVID-19 is inherited from Neanderthals. *Nature* 587（7835）:610-612.

Zischler H., Hoss M., Handt O., et al.（2015）Detecting dinosaur DNA. *Science* 268:1192-3.

参考文献――もっと読みたい読者のために（初版刊行年順）――

埴原和郎（編）（一九九三）『日本人と日本文化の形成』朝倉書店

宝来　聰（一九九七）『ＤＮＡ人類進化学　岩波科学ライブラリー　五二』岩波書店

尾本恵市（一九九八）『ヒトはいかにして生まれたか』岩波書店

エリック・トリンカウス、パット・シップマン（一九九八）『ネアンデルタール人』（島健訳）青土社

ロジャー・ルイン（一九九八）『ＤＮＡから見た生物進化』日経サイエンス社

海部陽介（二〇〇五）『人類がたどってきた道〝文化の多様化〟の起源を探る』ＮＨＫ出版
斎藤成也（二〇〇五）『ＤＮＡから見た日本人』筑摩書房
斎藤成也（二〇〇七）『ゲノム進化学入門』共立出版
太田博樹、長谷川眞理子（共編）（二〇一三）『ヒトは病気とともに進化した』勁草書房
山田康弘（二〇一四）『老人と子供の考古学』吉川弘文館
ケヴィン・デイヴィーズ（二〇一四）『一〇〇〇ドルゲノム：一〇万円でわかる自分の設計図』（篠田謙一監修、武井摩利訳）創元社
仲野　徹（二〇一四）『エピジェネティクス―新しい生命像をえがく（岩波新書）』岩波書店
日本人類学会教育普及委員会（監修）、中山一大、市石　博（共編）（二〇一五）『つい誰かに教えたくなる人類学63の大疑問』講談社
斎藤成也（二〇一五）『日本列島人の歴史（岩波ジュニア新書〈知の航海〉シリーズ）』岩波書店
尾本恵市（二〇一六）『ヒトと文明：狩猟採集民から現代を見る』筑摩書房
斎藤成也（監修）（二〇一六）『ＤＮＡでわかった日本人のルーツ（別冊宝島二四〇三）』宝島社
斎藤成也（二〇一七）『日本人の源流』河出書房新社
川端裕人、海部陽介（監修）（二〇一七）『我々はなぜ我々だけなのか　アジアから消えた多様な「人類」たち』講談社
ＮＨＫスペシャル「人類誕生」制作班、馬場悠男（監修）、海部陽介（監修）（二〇一八）『ＮＨＫスペシャル　人類誕生　大逆転！　奇跡の人類史』ＮＨＫ出版

太田博樹（二〇一八）『遺伝人類学入門―チンギス・ハンのＤＮＡは何を語るか』筑摩書房
デイヴィッド・ライク（二〇一八）『交雑する人類―古代ＤＮＡが解き明かす新サピエンス史』（日向やよい訳）ＮＨＫ出版
山田康弘（二〇一九）『縄文時代の歴史』講談社
海部陽介（二〇二〇）『サピエンス日本上陸　３万年前の大航海』講談社
デイヴィッド・クォメン（二〇二〇）『生命の〈系統樹〉はからみあう：ゲノムに刻まれたまったく新しい進化史』（的場知之訳）作品社
西秋良宏（編）（二〇二〇）『アフリカからアジアへ　現生人類はどう拡散したか』朝日新聞出版
井原泰雄、梅﨑昌裕、米田穣（共編）（二〇二一）『人間の本質にせまる科学：自然人類学の挑戦』東京大学出版会
斎藤成也（編）、海部陽介、米田穣、隅山健太（二〇二一）『図解　人類の進化　猿人から原人、旧人、現生人類へ』講談社
篠田謙一（二〇二二）『人類の起源―古代ＤＮＡが語るホモ・サピエンスの「大いなる旅」』中央公論新社
海部陽介（二〇二二）『人間らしさとは何か：生きる意味をさぐる人類学講義』河出書房新社
マーク・バートネス（二〇二二）『微生物・文明の終焉・淘汰』（太田博樹監訳、神月謙一訳）ニュートンプレス

著者紹介

一九六八年、愛知県に生まれる
一九九七年、東京大学大学院理学系研究科生物科学専攻修了、博士（理学）
マックス・プランク進化人類学研究所、イエール大学医学部博士研究員、東京大学大学院新領域創成科学研究科助教、北里大学医学部解剖学研究室准教授などを経て、
現在、東京大学大学院理学系研究科生物科学専攻教授

〔主要著書〕
『遺伝人類学入門―チンギス・ハンのＤＮＡは何を語るか』（筑摩書房、二〇一八年）
『ヒトは病気とともに進化した』（共編、勁草書房、二〇一三年）

歴史文化ライブラリー
565

古代ゲノムから見たサピエンス史

二〇二三年（令和五）二月一日　第一刷発行
二〇二三年（令和五）六月十日　第三刷発行

著　者　太田博樹（おおたひろき）
発行者　吉川道郎
発行所　株式会社 吉川弘文館
東京都文京区本郷七丁目二番八号
郵便番号一一三―〇〇三三
電話〇三―三八一三―九一五一〈代表〉
振替口座〇〇一〇〇―五―二四四
http://www.yoshikawa-k.co.jp/
印刷＝株式会社平文社
製本＝ナショナル製本協同組合
装幀＝清水良洋・高橋奈々

ISBN978-4-642-05965-7

歴史文化ライブラリー

1996.10

刊行のことば

現今の日本および国際社会は、さまざまな面で大変動の時代を迎えておりますが、近づきつつある二十一世紀は人類史の到達点として、物質的な繁栄のみならず文化や自然・社会環境を謳歌できる平和な社会でなければなりません。しかしながら高度成長・技術革新にともなう急激な変貌は「自己本位な刹那主義」の風潮を生みだし、先人が築いてきた歴史や文化に学ぶ余裕もなく、いまだ明るい人類の将来が展望できていないようにも見えます。

このような状況を踏まえ、よりよい二十一世紀社会を築くために、人類誕生から現在に至る「人類の遺産・教訓」としてのあらゆる分野の歴史と文化を「歴史文化ライブラリー」として刊行することといたしました。

小社は、安政四年(一八五七)の創業以来、一貫して歴史学を中心とした専門出版社として書籍を刊行しつづけてまいりました。その経験を生かし、学問成果にもとづいた本叢書を刊行し社会的要請に応えて行きたいと考えております。

現代は、マスメディアが発達した高度情報化社会といわれますが、私どもはあくまでも活字を主体とした出版こそ、ものの本質を考える基礎と信じ、本叢書をとおして社会に訴えてまいりたいと思います。これから生まれでる一冊一冊が、それぞれの読者を知的冒険の旅へと誘い、希望に満ちた人類の未来を構築する糧となれば幸いです。

吉川弘文館

歴史文化ライブラリー

民俗学・人類学

古代ゲノムから見たサピエンス史——太田博樹
日本人の誕生 人類はるかなる旅——埴原和郎
倭人への道 人骨の謎を追って——中橋孝博
役行者と修験道の歴史——宮家 準
幽霊 近世都市が生み出した化物——髙岡弘幸
雑穀を旅する——増田昭子
川は誰のものか 人と環境の民俗学——菅 豊
柳田国男 その生涯と思想——川田 稔
遠野物語と柳田國男 日本人のルーツをさぐる——新谷尚紀

世界史

神々と人間のエジプト神話 魔法・冒険・復讐の物語——大城道則
中国古代の貨幣 お金をめぐる人びとと暮らし——柿沼陽平
渤海国とは何か——古畑 徹
古代の琉球弧と東アジア——山里純一
アジアのなかの琉球王国——高良倉吉
琉球国の滅亡とハワイ移民——鳥越皓之
イングランド王国前史 アングロサクソン七王国物語——桜井俊彰
フランスの中世社会 王と貴族たちの軌跡——渡辺節夫
ヒトラーのニュルンベルク 第三帝国の光と闇——芝 健介
帝国主義とパンデミック 医療と経済の東南アジア史——千葉芳広
人権の思想史——浜林正夫

考古学

タネをまく縄文人 最新科学が覆す農耕の起源——小畑弘己
イヌと縄文人 狩猟の相棒、神へのイケニエ——小宮 孟
顔の考古学 異形の精神史——設楽博己
〈新〉弥生時代 五〇〇年早かった水田稲作——藤尾慎一郎
文明に抗した弥生の人びと——寺前直人
樹木と暮らす古代人 木製品が語る弥生・古墳時代——樋上 昇
アクセサリーの考古学 倭と古代朝鮮の交渉史——高田貫太
古 墳——土生田純之
東国から読み解く古墳時代——若狭 徹
東京の古墳を探る——松崎元樹
埋葬からみた古墳時代 女性・親族・王権——清家 章
鏡の古墳時代——下垣仁志
神と死者の考古学 古代のまつりと信仰——笹生 衛
土木技術の古代史——青木 敬
大極殿の誕生 古代天皇の象徴に迫る——重見 泰

歴史文化ライブラリー

国分寺の誕生 古代日本の国家プロジェクト――須田 勉
東大寺の考古学 よみがえる天平の大伽藍――鶴見泰寿
海底に眠る蒙古襲来 水中考古学の挑戦――池田榮史
銭の考古学――鈴木公雄
中世かわらけ物語 もっとも身近な日用品の考古学――中井淳史
ものがたる近世琉球 喫煙・園芸・豚飼育の考古学――石井龍太

古代史

邪馬台国の滅亡 大和王権の征服戦争――若井敏明
日本語の誕生 古代の文字と表記――沖森卓也
日本国号の歴史――小林敏男
日本神話を語ろう イザナキ・イザナミの物語――中村修也
六国史以前 日本書紀への道のり――関根 淳
東アジアの日本書紀 歴史書の誕生――遠藤慶太
〈聖徳太子〉の誕生――大山誠一
倭国と渡来人 交錯する「内」と「外」――田中史生
大和の豪族と渡来人 葛城・蘇我氏と大伴・物部氏――加藤謙吉
物部氏 古代氏族の起源と盛衰――篠川 賢
東アジアからみた「大化改新」――仁藤敦史
白村江の真実 新羅王・金春秋の策略――中村修也
よみがえる古代山城 国際戦争と防衛ライン――向井一雄
よみがえる古代の港 古地形を復元する――石村 智
古代氏族の系図を読み解く――鈴木正信
古代豪族と武士の誕生――森 公章
飛鳥の宮と藤原京 よみがえる古代王宮――林部 均
出雲国誕生――大橋泰夫
古代出雲――前田晴人
古代の皇位継承 天武系皇統は実在したか――遠山美都男
古代天皇家の婚姻戦略――荒木敏夫
壬申の乱を読み解く――早川万年
戸籍が語る古代の家族――今津勝紀
古代の人・ひと・ヒト 名前と身体から歴史を探る――三宅和朗
万葉集と古代史――直木孝次郎
郡司と天皇 地方豪族と古代国家――磐下 徹
地方官人たちの古代史 律令国家を支えた人びと――中村順昭
古代の都はどうつくられたか 中国・日本・朝鮮・渤海――吉田 歓
平城京に暮らす 天平びとの泣き笑い――馬場 基
平城京の住宅事情 貴族はどこに住んだのか――近江俊秀
すべての道は平城京へ 古代国家の〈支配の道〉――市 大樹

歴史文化ライブラリー

三浦一族の中世――高橋秀樹
伊達一族の中世「独眼龍」以前――伊藤喜良
弓矢と刀剣 中世合戦の実像――近藤好和
その後の東国武士団 源平合戦以後――関 幸彦
荒ぶるスサノヲ、七変化〈中世神話〉の世界――斎藤英喜
曽我物語の史実と虚構――坂井孝一
鎌倉浄土教の先駆者 法然――中井真孝
親 鸞――平松令三
親鸞と歎異抄――今井雅晴
畜生・餓鬼・地獄の中世仏教史 因果応報と悪道――生駒哲郎
神や仏に出会う時 中世びとの信仰と絆――大喜直彦
神仏と中世人 宗教をめぐるホンネとタテマエ――衣川 仁
神風の武士像 蒙古合戦の真実――関 幸彦
鎌倉幕府の滅亡――細川重男
足利尊氏と直義 京の夢、鎌倉の夢――峰岸純夫
高 師直 室町新秩序の創造者――亀田俊和
新田一族の中世「武家の棟梁」への道――田中大喜
皇位継承の中世史 血統をめぐる政治と内乱――佐伯智広
地獄を二度も見た天皇 光厳院――飯倉晴武
南朝の真実 忠臣という幻想――亀田俊和
信濃国の南北朝内乱 悪党と八〇年のカオス――櫻井 彦
中世の巨大地震――矢田俊文
大飢饉、室町社会を襲う!――清水克行
中世の富と権力 寄進する人びと――湯浅治久
中世は核家族だったのか 民衆の暮らしと生き方――西谷正浩
出雲の中世 地域と国家のはざま――佐伯徳哉
中世武士の城――齋藤慎一
戦国の城の一生 つくる・壊す・蘇る――竹井英文
九州戦国城郭史 大名・国衆たちの築城記――岡寺 良
徳川家康と武田氏 信玄・勝頼との十四年戦争――本多隆成
戦国大名毛利家の英才教育 元就・隆元・輝元と妻たち――五條小枝子
戦国大名の兵粮事情――久保健一郎
戦乱の中の情報伝達 使者がつなぐ中世京都と在地――酒井紀美
戦国時代の足利将軍――山田康弘
足利将軍と御三家 吉良・石橋・渋川氏――谷口雄太
〈武家の王〉足利氏 戦国大名と足利的秩序――谷口雄太
室町将軍の御台所 日野康子・重子・富子――田端泰子
名前と権力の中世史 室町将軍の朝廷戦略――水野智之

歴史文化ライブラリー

歴史文化ライブラリー